TURING 图灵新知

惰者集
数感与数学

[日]小平邦彦——著
尤斌斌——译

Kunihiko Kodaira

人民邮电出版社
北京

图书在版编目（CIP）数据

惰者集：数感与数学 /（日）小平邦彦著；尤斌斌译. -- 北京：人民邮电出版社，2017.12
（图灵新知）
ISBN 978-7-115-46993-9

Ⅰ. ①惰… Ⅱ. ①小… ②尤… Ⅲ. ①数学－普及读物 Ⅳ. ①O1-49

中国版本图书馆CIP数据核字（2017）第240877号

内 容 提 要

理解数学需要具备一种纯粹的感觉，即“数感”。本书为日本著名数学家、菲尔兹奖得主小平邦彦先生的随笔文集，书中收录了小平邦彦先生对数学、数学教育的深思、感悟文章，记述了数学大师对“数学”“数感”的独到理解，文笔幽默，深入浅出。同时，书中还辑录了小平邦彦先生在普林斯顿高等研究院时期，与赫尔曼·外尔等大师交流的趣闻轶事，对深入理解数学、数学教育具有深刻启示。

◆ 著　　[日]小平邦彦
译　　尤斌斌
责任编辑　武晓宇
装帧设计　broussaille私制
责任印制　彭志环

◆ 人民邮电出版社出版发行　　北京市丰台区成寿寺路11号
邮编　100164　　电子邮件　315@ptpress.com.cn
网址　https://www.ptpress.com.cn
固安县铭成印刷有限公司印刷

◆ 开本：880×1230　1/32
印张：7.625　　2017年12月第1版
字数：156千字　　2025年3月河北第20次印刷
著作权合同登记号　图字：01-2017-4049号

定价：59.80元

读者服务热线：(010)84084456-6009　印装质量热线：(010)81055316
反盗版热线：(010)81055315

序言

1949年8月，我应普林斯顿高等研究院的赫尔曼·外尔(Hermann Weyl)教授之邀赴美，离开了当时满目疮痍的东京。最初的计划是在普林斯顿高等研究院逗留一年，次年返回日本。不料留美时间延长，第三年又邀请家人赴美，一住就是18年。1967年8月返回日本后，我偶尔会写些随笔文章，参加演讲，本书即这些随笔文章和演讲记录的文集。

这本文集中，唯一的例外内容是《来自普林斯顿的信件》。当时在东京，人们都住在建于废墟之中的棚屋里，三餐粮食紧缺。然而，当时的美国治安良好、物价便宜，对于初来乍到的我来说，是一个极其美好的国家。刚开始我不太会讲英语，不过普林斯顿高等研究院配有优秀的秘书，无需我过多解释，秘书即可明白我的心思，并且麻利地帮我将所有事务处理妥当，这一切都让我误以为自己住进了“精灵之国”。《来自普林斯顿的信件》便是旅居“精灵之国”的我给远在日本的妻子寄去的家书，当然其中删除了个人隐私以及谈论他人等不合适的内容。

1975年10月30日、31日，日本通商产业省（现经济产业省）和机械振兴会协力召开了历时两天的国际研讨会“产业与社会——推动进步的条件”。《科学、技术与人类进步》这篇文章记录了我当时在会上发表的演讲。那时候尚未为人熟知的“核冬天”假说已经表明了人类正面临着灭绝危机。我在本书《科学、技术与人类进步》一文的“备注”部分补充了这方面的相关内容。

1982年年底，我参加了日本中央教育审议会教育内容等小委员会的讨论并在会上提出个人意见，《忘却原则的初等、中等教育》是对当时所提意见的详细说明。这篇文章的“补充部分”则为1985年8月，我在“数学教育大会”上的演讲的重点内容。

1955年，我的大女儿在普林斯顿上初中时，不幸被编入了使用SMSG（School Mathematics Study Group，学校数学研究小组）教材的“新数学”（New Math）运动[1]教育实验年级。以“新数学”运动为首的数学教育现代化理念，随即开始在全世界范围内流行。在美国，只有一部分的数学家和教育学家在推广数学教育现代化理念，而绝大部分的数学家对此表示反对。然而不知为何，绝大部分的反对声音并未传入日本。进入20世纪40年代后，日本文部省的指导纲领大规模引进现代化理念，日本的小学也开始讲解集合论知识。因为我经常辅导女儿的“新数学”课程的作业，也由此亲身体会到数学教育现代化理念的愚蠢，所以只要有机会，我便会写一些随笔文章

1 20世纪50年代末，美国推行的数学教育现代化运动，也称为“新数运动”。数学教育现代化运动主张以结构主义思想改革数学教育，在初等教育中就学习现代数学公理化的精确数学体系。——编者注

来批判数学教育现代化。本以为日本文部省既然认定了数学教育现代化理念，短时间内也不会改变方针。然而，20 世纪 50 年代，日本文部省修改了指导纲领，大幅减弱了数学教育现代化改革的力度。因为日本的数学教育现代化改革并不是依附于一种坚定的信念，只不过是追赶美国的流行而已。虽然数学教育现代化改革被及时修正，但被数学教育现代化改革驱逐出数学教材的欧几里得平面几何却再也无法重获新生。这也许是数学教育现代化理念带来的最致命的后遗症。我在本书的第二章选录了《对“新数学”运动的批判》《什么扭曲了数学教育》和《令人费解的日本数学教育》三篇随笔，以此作为我反对数学教育现代化改革的代表性观点。

小平邦彦

目录

第一章

数学笔记

在我看来，数学书（包括论文）是最晦涩难懂的读物。将一本几百页的数学书从头到尾读一遍更是难上加难。翻开数学书，定义、公理扑面而来，定理、证明接踵而至。数学这种东西，一旦理解则非常简单明了，所以我读数学书的时候，一般都只看定理，努力去理解定理，然后自己独立思考数学证明。不过，大多数情况下都是百思不得其解，最终只好参考书中的证明。然而，有时候反复阅读证明过程也难解其意，这种情况下，我便会尝试在笔记本中抄写这些数学证明。在抄写过程中，我会发现证明中有些地方不尽如人意，于是转而寻求是否存在更好的证明方法。如果能够顺利找到还好，若一时难以觅得，则多会陷入苦思，至无路可走、油尽灯枯才会作罢。按照这种方法，读至一章末尾，已是月余，开篇的内容则早被忘到九霄云外。没办法，只好折返回去从头来过。之后，我又注意到书中整个章节的排列顺序不甚合理。比如，我会考虑将定理七的证明置于定理三的证明之前的话，是否更加合适。于是我又开始撰写调整章节顺序的笔记。完成这项工作后，我才有真正掌握第一章的感觉，终于松了一口气，同时又因太耗费精力而心生烦扰。从时间上来说，想要真正理解一本几百页的数学书，几乎是一件不可能完成的任务。真希望有人告诉我，如何才能快速阅读数学书。

也许有人会不解，何必要如此左思右想，直接读到最后一页不就好了？话虽如此，不过这样会存在一个问题。在数学书中，如果是与我的专业关系不大的话，反而可以快速读完（虽然我很少读与我专业无关的数学书）。但是，读完以后到底能否彻底理解，我对此持怀疑的态度。理解数学书（或者论文）是一种怎样的状态呢？只要一步步验证以确认证明过程无误即是理解的状态吗？在阅读与自己专业无关的数学书时，我发现即使确认了证明的求证过程，之前不理解的定理仍然不得其意。虽然证明过程正确，不过总感觉整体印象模糊不清。与此相反，如果是自己专业领域的定理，即使不记得定理的证明过程，已经理解的内容也都格外清晰，正如我们能清晰地理解 $2+2=4$ 一样。我们之所以能理解 $2+2=4$，是因为自己是从感觉上把握了这一数学事实，而不是通过论证。定理的理解同样如此，应该从感觉上把握定理所要表达的数学事实。尝试摸索定理的证明过程，是一种从感觉上把握定理的方法，而并非为了检验证明过程的正确性（著名定理的正确性显然也不需要确认）。想要更好地理解定理，仅仅读一遍定理的证明过程是远远不够的。反复阅读研究、做笔记，并且将定理运用于各种问题中才是有效的方法。做笔记的目的不是为了背诵证明过程，而是花时间去详细分析定理所要表达的数学事实的结构。像这样彻底理解定理之后，日后即使忘记定理的证明过程也完全没有关系（不过在大学毕业之前，还是需要记住证明过程来应对考试）。当偶尔需要确认证明过程去重新复习时，会发现定理内容如同 $2+2=4$ 一样清晰，但定理的证明过程看起来总觉得有牵强附会之感。

数学是一门具有高度技术性的学问。学习所有技术性的东西，都需要长时间的反复练习。例如，如果想要成为一名钢琴家，那唯一的方法就是从小坚持每天练琴几个小时。数学与钢琴也有共通的一面，即学习数学每天也需要花时间去反复练习。这有助于培养把握数学事实的感觉。在阅读与自己专业无关的数学书时，如果出现理解证明过程却无法理解定理内容的情况，则说明把握数学事实的感觉还不够发达。

（《数学 Seminar》1970 年 8 月刊）

数学印象

数学是什么，这说不清道不明。不过，每一个对数学感兴趣的人多多少少都有各自的见解。在本文中，我会坦率地讲述数学家眼中的数学印象，比如像我这样专门研究数学的数学家是如何看待数学的，以便为读者提供参考。

人们通常认为数学是一门由严密逻辑所构建的学问，即便不是与逻辑完全一致，也大致相同。实际上，数学与逻辑并没有多大关系。当然，数学必须遵循逻辑。不过，逻辑对于数学的作用类似于语法对于文学。书写符合语法的文章与用语法编织语言、创作小说是截然不同的。同样，依照逻辑进行推论与使用逻辑构筑数学理论也并非同一层面上的事情。

任何人都能理解一般逻辑，如果将数学归为逻辑，那么任何人都能理解数学。然而众所周知，无法理解数学的初中生或高中生大有人在，语言能力优异、数学能力不足的学生十分常见。因此我认为，数学在本质上与逻辑不同。

数感

我们试着思考数学之外的自然科学，比如说物理学。物理学研究的是自然现象中的物理现象，同理可得，数学研究的是自然现象中的数学现象。那么，理解数学相当于“观察”数学现象。这里所说的“观察”不是指“用眼观看”，而是通过一定感觉所形成的感知。虽然很难用言语去描述这种感觉，不过这是一种明显不同于逻辑推理能力的纯粹的感觉，在我看来这种感知几乎接近于视觉。或许我们可以称之为直觉，不过为了凸显其纯粹性，在接下来的表述中，我将其称为“数感”。直觉一词含有“瞬间领悟真相”的意思，所以不太合适。数感的敏锐性类似于听觉的敏锐性，也就是说基本上与是否聪明无关(本质上无关，但不意味着没有统计关联)。不过数学的理解需要凭借数感，正如乐感不好的人无法理解音乐，数感不好的人同样无法理解数学(给不擅长数学的孩子当家教时，就能明白这种感觉。对你来说已经显而易见的问题，在不擅长数学的孩子看来却怎么也无法理解，因此你会苦于不知如何解释)。

在证明定理时，数学家并没有察觉自己的数感发挥了作用，因此会以为是按照缜密的逻辑进行了证明。其实，只要用形式逻辑符号去解析证明，数学家就会发现事实并非如此。因为这样最终只会得到一串冗长的逻辑符号，实际上完全不可能证明定理（当然我的重点并不在于指责证明过程的逻辑不够严密，而是在于指出数感能帮助我们省略逻辑推理这个过程，直接引导我们走向前方）。近来经常听到人们在讨论数学感觉，可以说数学感觉的基础正是数感。所有数学家天生都具有敏锐的数感，只是自己没有察觉而已。

数学同样以自然现象为研究对象

也许有人认为将自然现象的一部分作为数学的研究对象太过鲁莽。但是，正如数学家在证明新的定理时，通常不会说“发明”了定理，而是表达为“发现”了定理。由此可见，数学现象与物理现象一样，都是自然界中的固有之物。我也证明过几个新定理，但我从来不觉得那些定理是自己想出来的。这些定理一直都存在，只不过碰巧被我发现了而已。

经常会有人指出，数学对于理论物理学有着不可思议的奇妙作用。甚至会让人产生一种观念，以为所有物理现象都需要依托数学法则而存在。而且，大部分情况下，在物理学理论被发现之前，数学家们早就准备好了该理论所需的数学知识。黎曼空间对于爱因斯坦广义相对论的作用就是最好的例子。为什么数学对物理学的作用如此之大？当然，只要解释说数学是物理学的语言，这个话题就到此为止了。比如，广义相对论中黎曼空间的作用的确可以说是一种语言，但是数学对于量子力学的作用却堪称是一种神秘的魔法，无法单纯将其视为一种语言。

打开量子力学的教材，首先是关于光干涉、电子散射等实验的说明，接着是用波函数（即希尔伯特空间中的矢量）来描述光子、电子等粒子的状态，最后推出态叠加原理。态叠加原理是量子力学中的基本原理，它表达了如果状态A是状态B与状态C的叠加，那么A的波函数是B的波函数与C的波函数的线性组合。

什么是粒子的状态？例如，粒子加速器中电子的状态由粒子加速器决定，所以粒子的状态可以理解成粒子所在的环境。在量子力学中，极复杂的环境也只由一个波函数（矢量）来描述，因此首先需对环境进行简化和数学化。如何理解状态A是状态B与状态C的叠加？如果是教材中的光干涉等情况，那么就比较容易理解。不过，在通常情况下说环境A是环境B与环境C的叠加，这就不容易理解了。不确定性原理，例如不可能同时测量一个粒子的位置和它的速度，是通过测量实验对粒子的干扰来加以说明的，最终表明一个粒子无法同时存在于测量位置的装置和测量速度的装置中。换言之，即粒子不可能同时存在两种环境。那么如何理解这两种环境的叠加呢？只能说实在是难以理解。另外，波函数的线性组合运算如同数学中的初级运算一样简单。而态叠加原理则主张通过简单的数学运算来表示各种复杂奇怪状态的叠加。也就是说，数学运算支配了作为量子力学对象的物理现象。这种数学运算与物理现象的关系，并非是通过解析叠加的物理意义而将其用数学公式表现出来，而是将

“波函数的线性组合可以描述状态的叠加”视为公理，然后依据数学运算来确定叠加的意义。正如费曼（R.P.Feynman）所言，除了数学之外，没有其他方法能说明态叠加原理了。我们只能认为量子力学基于数学的无穷魔法，因此我认为物理现象的背后存在着固有的数学现象。

数学是实验科学

我认为，数学家研究数学现象的意义与物理学家研究自然现象相同。也许有人认为，物理学家需要进行各种实验，而数学家仅仅在思考而已。不过，这种情况下的“思考”含有“思考实验”的意思，与考试中对题目的“思考”性质全然不同。考试题目一般是将固定范围内的已知内容组合在一起，一小时之内肯定能够解开，所以相当于提供了明晰的思考对象和思考方法。然而，实验是调查未知的自然现象，因此无法预测结果，甚至无法得到结果。这种实验的形式同样存在于数学中，探究未知数学现象的思考实验，其思考对象和思考方法都具有未知性。这也是数学研究过程中最大的困难。

最简单易懂的思考实验当属从具体事实中归纳猜想。例如我们尝试思考一下，偶数最少能表示成几个素数之和。偶数 2 本身是素数，暂且另当别论。除此之外，正如 $4=2+2$，$6=3+3$，$8=3+5$，$10=5+5$，$100=47+53$……所示，偶数一般能表示成两个素数之和。根据上述结论，我们可以从中推出命题“任何一个大于 2 的偶数都可以表示成两个素数的和”（这个命题就是著名的哥德巴赫猜想，至今未被证明）。如果调查多个事实能够猜想出定理的形式，那么之后只要思考如何证明该定理即可，也就是说研究的最初难关已经突破。当然，数学中仅仅依靠积累几个事实是无法证明定理的，定理的证明必须另外进行思考。

初等数论的许多定理就是先由实验结果引发猜想，然后才得到证明。而且，从 19 世纪末到 20 世纪初，恩里格斯（F.Enriques）、卡斯特尔诺沃（G.Castelnuovo）等意大利代数几何学家获得的惊人成果中，依据实验得到成果的不在少数。托德（J.A.Todd）在其 1930 年左右发表的论文中曾明确断言："代数几何是实验科学。"直到最近[1]，上述几位数学家的定理才全部得以严密证明。不过值得注意的是，尽管他们当时给出的定理证明不够完全，但是定理本身却是正确的。

发现新定理

现在数学的研究对象一般都非常抽象，实例也十分抽象，让人难以理解。所以依靠具体事实归纳来猜想定理的方式，在大多数情况下已经难以适用。目前的情况下，关于发现新定理的思考实验方式，我本人也是不得而知。如果将精力都花费在思索新的思考方式上，恐怕难有所得。实际上很多时候无论如何思考都得不到相应的结果。这样看的话，是否可以说数学研究是一份极其困难的工作呢？不过这倒也未必。有时候感觉自己什么也没做，那些应当思考的事情却很自然地呈现在眼前，研究工作也得以顺利推进。夏目漱

1　本文发表时间为 1969 年 5 月。——编者注

石在《梦十夜》中对运庆[1]雕刻金刚手菩萨像的描述，充分表现了这种感受。这部分内容引用如下：

运庆在金刚手菩萨的粗眉上端一寸处横向凿刻，手中的凿刀忽而竖立，转而自上而下凿去。凿刀被敲入坚硬的木头中，厚厚的木屑应声飞落，再仔细一看，金刚手菩萨怒意盈盈的鼻翼轮廓已清晰呈现。运庆的运刀方式无拘无束，雕琢过程中丝毫没有任何迟疑。

“他的手法真如行云流水，凿刀所到之处，居然都自然地雕琢出了内心所想的眉毛、鼻子样子。”我感慨至极，不禁自言自语道。

结果，方才那位年轻男子回应道：

“什么呀，那可不是凿刻出的眉毛、鼻子，而是眉毛、鼻子本来就埋藏在木头中，他只是用锤子、凿子将其呈现出来。就像从泥土中挖出石头一样，当然不会出现偏差。”

在这种时刻，我常常感到世间没有比数学更容易的学科了。如果遇到一些学生在犹豫将来是否从事数学方面的工作，我就会想建议他们“一定要选数学，因为再没有比数学更容易的学科了”。

漱石的故事后续如下：

这时，我恍然大悟，原来这就是雕刻艺术。这样的话，好像谁都可以做这个。想到这里，我突然也有了想要雕刻一座金刚手菩萨像的念头，于是回到家中，从后院里堆积的木柴中选了一块木头，开始动手雕琢。然而事与愿违，虽凿刻良久，木头中却仍然寻不到金刚手菩萨的踪影。我突然醒悟，明治时期的木头里根本就不会藏有金刚手菩萨。

1　日本镰仓时代（1185—1333）的高僧，雕刻技艺十分精湛。——编者注

数学也一样，普通的木头里没有埋藏着定理。不过，仅仅从外表观察，并看不出里面究竟埋着什么，所以只好尝试雕刻看看。数学中的雕刻就是繁琐的计算与查阅文献，绝不是什么简单的事情，而且在大多数情况下，都会竹篮打水一场空。因此数学研究非常耗时，而且我觉得运气也是一个影响研究成败的重要因素。

定理与应用

现今的数学，通过具体事实的归纳来猜想定理极其困难，不仅如此，定理与具体事实的关系也在发生变化。在大学低年级的数学中，定理之所以是定理，是因为其可应用于许多事实中，没有应用的定理则多没有意义。好的定理可以说就是应用广泛的定理。从这个意义上来说，函数论的柯西积分定理是最好的数学定理之一。但是在最近的数学中，几乎很少看到拥有广泛应用性的定理。岂止如此，许多定理几乎毫无应用性可言。正如某君不客气地评价：“现代数学只有两种，有定理却没有应用实例的数学与只有应用实例却没有定理的数学。”从现代数学的立场出发，“不管有没有应用，好的定理就是好的定理”，不过我却总觉得没有应用的定理多少还是有点儿美中不足。

数学的唯一理解方法

即使不做研究，只是阅读有关数学的书和论文，也非常费时。如果只读定理部分而跳过证明过程的话，似乎很快就能读完两三本书。但是实际上，跳过证明的阅读方式如浮光掠影，留下的印象非常浅，结果多会一无所得。想要理解数学书，只能一步一步遵循证明过程。数学的证明不是单纯的论证，还具有思考实验的意味。所谓理解证明，也不是确认论证中是否有错误，而是自己尝试重现思考实验的过程。换言之，理解也可以说是自身的体验。

不可思议的是，除此之外数学没有其他的理解方法。物理学的话，即便是最新的基本粒子理论，只要阅读通俗读物，尽管读者与专家的理解方法不同，多少还是能大致理解或者至少自己觉得好像理解了。这就是外行人的理解方法，它与专家的理解方法不同。但是数学不存在外行人的理解方法，所以没人可以写出关于数学最近成果的通俗读物。

“丰富的”理论体系

现在数学的理论体系，一般是从公理体系出发，依次证明定理。公理系统仅仅是假定，只要不包含矛盾就行。数学家当然具有选取任何公理系统的自由。但是实际上，公理系统如果不能以丰富的理论体系为出发点，便毫无用处。公理系统不仅不包含矛盾，而且还必须是丰富的。考虑到这点，公理系统的自由选择范围就非常有限。

在说明这个问题时，假设把数学的理论体系比作游戏，那么公理系统就相当于游戏规则。公理系统越丰富意味着游戏越有趣。例如在围棋盘上布子的棋类游戏，现在我们熟知共有四种类型：围棋、五子棋和两种朝鲜围棋。换言之，此刻我们所熟知的公理系统只有四种。除这四种以外，还有没有其他有趣的游戏呢？例如四子棋、六子棋或者更普遍化的 n 子棋又会是如何呢?

其实下 n 子棋，当 n 小于等于 4 时先手必胜，即刻分出胜负，所以索然无味；而当 n 大于等于 6 时，则永远分不出胜负，也毫无趣味。发现新的有趣游戏并不容易。当然这只是我个人的想法，不过现在大概不太能再发现一个与围棋趣味相当的游戏了。

数学也是同理，发现丰富的公理系统也极其困难，因此实际上根本不存在公理系统的选择自由。

理论中丰富的普遍化

数学家通常本能地偏爱“普遍化”。例如假设存在一个基于公理系统 A 的丰富的理论体系 S，那么下面的情况是很容易想到的，从 A 中去掉若干公理得到公理系统 B，再从 B 出发将 S“普遍化”，得到普遍性理论体系 T。稍加思索就觉得 T 是比 S 更丰富的体系，因为 T 是 S 的“普遍化”结果，但是在大多数情况下，实际尝试“普遍化”后会发现，T 的内容与预想相反，多是贫瘠不堪，令人失望。此时，与其说 T 是 S 的“普遍化”，还不如说是 S 的“稀疏化”。当然，并不是所有的“普遍化”都等同于“稀疏化”，数学自古以来都是通过“普遍化”而发展起来的。不过不得不说的是，近来的理论“普遍化”不断落入“稀疏化”的怪圈之中。

那么，能发展成为丰富理论的“普遍性”，其特征是什么呢？进一步说，作为丰富理论体系出发点的公理系统，其特征又是什么？现代数学对上述问题都不感兴趣。例如群论显然是比格论更为丰富的体系，但是比起格的公理系统，群的公理系统的优势是什么呢？此外，拓扑学、代数几何、多变量函数论等基本层的理论出发点(看起来似乎)都是不值一提的“普遍化”理论，即用函数替换以前的常数作为上同调群的系数。为什么说这实际上是非常丰富的“普遍化”呢？与此相反，连续几何被视为射影几何令人惊叹的“普遍化”，但为什么其发展停滞不前呢？将数学作为一种现象直接观察时，会发现这类问题不胜枚举。这些问题都是完全没有价值的愚蠢问题吗？抑或能否建立一门以回答此类问题为目标、研究数学现象的学科，即数学现象学呢？这些问题，我也不清楚。不过我确信，如果能够建立这门学科，那它一定会非常有趣。不过从一开始会有一个明显的难题，那就是在开始研究数学的现象学前，首先必须对数学的主要领域有一个全面的、大概的了解。正如我在上文中提到的，解决这个难题需要花费大量的时间。这也是无法撰写数学现代史的原因所在。

(《数学的建议》1969 年 5 月)

一位数学家的妄想

一个爱撒谎的老头说，这个故事是真的。

——摘自夏目漱石《我是猫》

我是一个综合素养不足、十分单纯的数学家，对于“数学是什么”这个千古难题，我没有什么想法，也不具有讨论它的资格，不过既然我是以研究数学为生，当然心里还是有些感受的。我曾经在《数学的建议》(见本书《数学印象》一文)中记录了相关感受。近来这种感受逐渐升级成了“妄想”，即“数学是森罗万象的根本”。

数学对于自然科学的贡献是超乎想象的，而且在很多情况下，数学家们在自然科学理论被发现之前，就早早地为其准备好了该理论所需的数学知识。其中，黎曼空间对于爱因斯坦广义相对论的作用就是最好的例子。黎曼甚至曾经预言了广义相对论，他说除非通过实际测量，否则无法得知我们居住的空间到底是欧几里得空间，还是拥有曲率的黎曼空间。

相对论是基于爱因斯坦的几何学世界观的天才发现。人们一般认为狭义相对论是爱因斯坦根据迈克耳孙-莫雷的实验结果而发现的，但实际上狭义相对论是独立于实验发现的。甚至广义相对论也源于纯粹的思考实验，爱因斯坦对实验检验完全不感兴趣。令人惊讶的是，至今为止对广义相对论的所有实验检验，都没有出现任何破绽。特别是根据最近的观测结果显示，在广义相对论基本方程式数学解中出现的奇怪“黑洞”也确实存在。

为什么数学会在自然科学中产生重大的作用？当然你只要解释说“数学是记录自然科学的语言”，这个问题就能得到解决。例如黎曼空间对于广义相对论的作用也许也可以说是一种语言(虽然我不太赞同——因为我无法想象语言具有预测黑洞存在的能力)。但是在量子力学中，数学扮演着神秘魔法的角色，很难想象它只是一种语言。

打开量子力学的教材，首先是关于光干涉、电子散射等实验的说明，接着是用波函数（即希尔伯特空间中的矢量）来描述光子、电子等粒子的状态，最后推出态叠加原理。态叠加原理是量子力学中的基本原理，它表达了如果状态 A 是状态 B 与状态 C 的叠加，那么 A 的波函数是 B 的波函数与 C 的波函数的线性组合。

什么是粒子的状态？因为粒子加速器中的电子的状态是由粒子加速器所决定的，所以粒子的状态可以理解成粒子所在的环境。因此在量子力学中，环境是由波函数来表示。如何理解状态 A 是状态 B 与状态 C 的叠加？如果是在教材中出现的光干涉等情况下，那么就比较容易理解。不过在一般情况下，环境 A 是环境 B 与环境 C 的叠加，这就不容易理解了。不确定性原理，例如不可能同时测量一个粒子的位置和它的速度，是通过测量实验对粒子的干扰来加以说明的，最终表明一个粒子无法同时存在于测量位置的装置和测量速度的装置中。换言之，粒子不可能同时存在于两种环境中。瞬间将速度测量装置替换成位置测量装置本身就是不可能完成的任务，所以“一旦测量到按一定速度移动的粒子的位置，其波函数就会缩小到一点”这种不可思议的事情，不过是这种不切实际的设想产生的错觉而已。

我认为两种环境的叠加实在难以理解。另外，波函数的线性组合运算如同数学中的初级运算一样简单，而态叠加原理则主张通过这种简单的数学运算来表示各种复杂奇怪状态的叠加。也就是说，数学运算支配了作为量子力学对象的物理现象。这种数学运算与物理现象的关系，并非通过解析叠加的物理意义并将其用数学公式表现出来，而是将“波函数的线性组合可以描述状态的叠加”视为公理，然后依据数学运算来确定叠加的意义。正如费曼所言，除了数学之外，没有其他方法能说明态叠加原理了。我们只能认为量子力学基于数学的无穷魔法，因此我认为物理现象的背后存在着固有的数学现象。

也许我们能够看见、触摸的物理现象和无法看见、触摸的数学现象从根本上来说完全不同。但是，数学的对象远比我们用巨型粒子加速器拍摄几万张照片后才发现的奇妙粒子更加真实。尽管照片呈现出了粒子的径迹，不过判断这些径迹究竟是否是粒子的径迹，则是基于粒子理论的公式计算推导出来的结果。如果从推论中删除所有的数学内容，那么也就无从判断照片呈现的现象是否是粒子的径迹。因为物理现象是基于数学存在的。

概率论更不可思议。众所周知，概率论揭露出了惊人的事实，即随机发生的现象也遵从数学法则。而且，我们通常根据现象是否遵循概率法则来判断其是否具有随机性。依据量子理论从微观层面上观察的话，所有的自然现象都具有随机性。因此我认为宇宙万物、森罗万象的根本之处存在固有的数学现象。

物理学家研究的是物理现象，同理可得，数学家则是研究数学现象。那么，理解数学相当于“观察”数学现象。这里所说的“观察”不是指“用眼观看”，而是通过一定感觉所形成的感知。我曾将这种感觉命名为“数感”，虽然很难用言语去描述，不过这是一种明显不同于逻辑推理能力的纯粹的感觉。数感的敏锐性类似于听觉的敏锐性，也就是说基本上与是否聪明无关。人们通常认为数学是一门由缜密逻辑构成的逻辑性学科，不过在我看来，数学是一门需要敏锐感觉的学问。数学的理解需要凭借数感，从感觉上把握数学现象。给不擅长数学的孩子当家教时，就能明白这种感觉，数感不好的人无法理解数学。对你来说已经显而易见的问题，在不擅长数学的孩子看来怎么也无法理解，因此你会苦于不知如何解释。而且，那个孩子在讨论社会问题时则口若悬河，瞬间让人目瞪口呆。这是因为一般逻辑任何人都能理解，如果将数学归为逻辑，那么任何人都能理解数学，然而众所周知，无法理解数学的初中生或高中生大有人在，语言能力优异、数学能力差劲的学生十分常见。田边元[1]先生最初就读于数学系，虽然课堂内容听起来有趣易懂，但是进入专题讨论阶段他却感觉云里雾里、不知所云，因此他只好放弃学习数学，转而专攻哲学。田边哲学的逻辑问题中包含了许多超乎我们数学家理解的难题，田边先生能够解决费解的逻辑问题却放弃了数学研究，由此可知，数学在本质上与逻辑不同。我认为，逻辑就像是用于记录数学的语法，数学在本质上与逻辑不同，是一门需要感觉的学科。数学家并没有察觉自己在证明定理时主要是数感发挥了作用，因此会误以为是凭借逻辑完成了证明。如果证明过程确实逻辑缜密的话，按理说完全可以将其替换成不含任何一个文字的逻辑符号，然而这样最终只会得到一串冗长的逻辑符号，因此绝对不可能是依靠逻辑证明了定理。

---

1 田边元（1885—1962），日本哲学家，“京都学派”代表人物，研究西方哲学后创立“田边哲学”，1950 年获日本文化勋章。——编者注

人类自古以来具有视觉、听觉、嗅觉、味觉、触觉五种基本感觉，即五感。如果我说除五感以外还有数感，也许你会觉得很奇怪。不过当我们静心思考，会发现人类还具有其他各种各样的感觉。对于方向的感觉就是其中一项。正如“路痴”一词所指，我们对于方向感的敏感度确实因人而异。

数学家对于数感并不自知，数感应该是人类进化过程尚未被开发的感觉。约两千年前，人类历史上就已经出现了诸多聪明绝顶的头脑，诸如先哲柏拉图、耶稣、释迦牟尼等人，由此可见，人类的大脑构造其实从一万年前开始基本没有出现太大变化。对于一万年前居住在洞穴、使用石器和棍棒与野兽搏斗的人类来说，能够理解现代数学的数感几乎是无用之物。按照生物自然淘汰的进化论来看，这种无用的感觉按理说不可能会得到发展。因此，人类的数感不发达也是理所当然，若人类进化过程中的，大多数人的数感能与现代数学家的敏锐程度相媲美，这反而会令人感到不可思议。因此，不擅长数学的人特别多，拥有数学家那样敏锐数感的人特别稀少，这都是情理之中的事。

如果人类和电子计算机在算数领域进行较量，人类绝对无优势可言。但在模式识别领域，人类又远优于电子计算机。这也是因为对于一万年前的人类来说，模式识别极其重要，而三位数以上的算数完全无用。据说有一种候鸟只要眺望星空，就能判断飞行的方向。人类一旦没有精密计时器、六分仪和星座简图，就无法判断方位。然而，候鸟凭借着自身对时间、空间的敏锐感觉就能瞬间完成人类不可能完成的任务。只要种族延续需要，鸟类的小脑袋也能完成如此惊人的进化，所以人类大脑进化的可能性是不可估量的。假设一百万年前外星人占领地球，人类沦为奴隶，为了实现复杂的计算，他们从人类中挑选一批心算高手让其重复繁殖，也许在算数领域，人类的脑力就能够凌驾于电子计算机之上了。考虑到构成人类大脑的神经细胞和神经纤维数量，电子计算机的简单回路只能相当于人类大脑的一小部分。

除了数学家以外，再也没有人能了解现代数学的成果了。而且研究领域不同，了解的程度也不尽相同。即使领域相同，数学家也需要花费大量的时间和精力去理解他人的成果。这也是人类的数感未得到发展而导致的结果。

我们可以设想以下状况来帮助理解。假设几乎所有人都是色盲，只有极少数人具有未发展的色觉（据说猫是色盲，如果人类在进化过程中稍稍走偏一点，也许也会出现相同的结果）。然后假设这些极少数的人组成一个自称“彩色画家”的集团，专门创作彩色画。当然绝大部分的人看不懂这些画，而且这些彩色画家们所具有的色觉也只能勉强分辨颜色，所以需要付出巨大的努力，比如说这里看起来像是红色，那按逻辑来说旁边可能是蓝色。

我想，我们数学家的现状与上述例子相似。等到将来人类进化，数感变发达时，现在我们费尽心思想要证明的定理也会随之变得一目了然。

不过话说回来，人类在进化的过程中，数感到底能不能变发达？当然目前我们也无从得知人类是会不断进化，还是逐渐走向灭亡，不过纵观萧伯纳《千岁人》中所描绘的公元31920年的世界，人类的数感已经非常发达了。在未来的世界里，婴儿从蛋壳中出生（好像进化过快了），出生时的体型和智力已经达到现在人类十八岁的程度。四周岁前即成年的四年间，主要的娱乐活动包括舞蹈、音乐、绘画、生命科学实验等。虽说是生命科学，其实主要是合成活人偶（相当于现在我们这样的人类）来玩，不过已经相当厉害了。然后四周岁以后男女都彻底秃头，外表没有明显的区别。除非遭受雷击等意外事故，之后的几百年人生主要都是在思考数学。书中虽然没有明确指出"数学"，但是有这样一个场景：一个快满四周岁的女孩儿对自己的玩伴、一个两岁的男孩儿说："数字的特性非常奇妙。我对它特别感兴趣。我想逃离没完没了的舞蹈和音乐，一个人坐着静静地思考数字。"（The properties of numbers are fascinating，just fascinating. I want to get away from our eternal dancing and music, and just sit down by myself and think about numbers.）男孩儿听后一脸失望。由此猜测，想必数学应该就是他们思考的对象。后文中，碰巧路过的老人对孩子们说道："小朋友们，我们生活的一个美好瞬间足以要了我们自己性命。"（Infant: one moment of the ecstasy of life as we live it would strike you dead.）虽说他们是思考数学，却并非是绞尽脑汁的思考，而是凭借数感享受数学的乐趣，这就如同我们通过听觉欣赏音乐一样。最后，请原谅我的胡言乱语。

（《数理科学》1975年6月刊）

数学的奇妙

如果抛去所有先入为主的观念直观地观察数学，我们会发现数学确实是一门奇妙的学科。一般情况下，数学是由严密论证展开的、清晰明了的学问。既然是清晰明了的学问，按理说应该易于理解才对。本杂志（《数学 Seminar》的专栏“下午茶”）记录了活跃于各领域第一线的人士对数学的感想，通过这些事实来看，数学似乎并不好理解。“下午茶”的投稿人们当然都拥有聪明才智，他们中的绝大部分人不是因为讨厌数学而不懂数学，就是因为不懂数学而对数学心生厌恶。对讨厌数学的人来说，数学是模棱两可、莫名其妙的学问。如果采用少数服从多数的“民主”投票，那么我想投票的结果应该会是“数学是模棱两可、莫名其妙的学问”。

对像我这样的数学家来说，数学也是非常难以理解的。就算是自己专业领域的论文，想要彻底读懂它的话，也需要花费大量的时间和精力。如果这篇论文与自己的专业领域完全无关，那么一般情况下根本不可能做到理解透彻。例如《科学美国人》杂志会刊登通俗易懂的文章来介绍有关自然科学各个领域的最新成果，基本上我们读完对这些成果会有一个大概的了解。但是当我们阅读介绍最新数学成果的文章（数学不可能会有通俗易懂的文章，所以是发表在专业杂志上的解说文）时，基本上最终还是一头雾水。既然数学如此难以理解，又为何会让人产生一种清晰明了的错觉？

当然如果是自己专业领域的论文，只要用心阅读，最终会到达清晰明了的程度。至少自己写的论文应该还是清晰明了的。这种情况下的清晰明了到底指什么？当我们努力想要理解自己专业领域中的一个定理时，通常是一步一步遵循证明的验证过程，验证结束时有一种“理解了”的感觉。也许是因为确认了证明的验证过程无误，所以才理解定理，但是好像又并非如此。因为如果这个定理与自己的专业领域完全无关，那么不管如何一步一步确认证明的验证过程无误，最后依然还是不懂。

貌似定理的证明过程不仅是验证定理是否正确的手段，而且具有更深刻的意义。这表现在除非仔细阅读证明过程，否则就无法理解定理。如果证明过程仅仅只是验证定理是否正确的手段，那么自古以来的著名定理已被多位数学家确定无误，完全没有必要由我们重新进行验证。我们之所以只有认真阅读、验证证明过程才能理解定理，是因为证明过程不仅仅是验证手段，其背后隐藏着高于验证的东西。也许我们能否清晰明了地理解数学在很大程度上取决于能否把握这个东西。

如果清晰明了地理解数学的根本在于把握这个模糊的东西，那么理解本身的意义也是模糊不清的。这也是为什么对于绝大多数人来说，数学是模棱两可、莫名其妙的学问。尽管如此，数学对于各类自然科学的作用是巨大的。因此，数学的确是一门奇妙的学科。

（《数学 Seminar》1976 年 11 月刊）

发明心理学与平面几何

曾经在某本书上读到过一个故事，大概是说爱因斯坦在思考问题时不使用语言进行思考。前些天我突然很想确认这个故事的真实性，所以重新找出那本书来看，发现参考文献引用的是阿达马（J.Hadamard）的《数学领域的发明心理学》。于是立刻借了这本书回来阅读，发现附录中收录有爱因斯坦写给阿达马的信。信的内容很长，主要内容如下："我认为语言在思考结构中没有发挥任何作用。在思考中发挥作用的要素，是某种自我生成、结合的形象。这种形象的结合游戏——早于由语言和符号构成的逻辑性结构的结合游戏——是创造性思考的本质特征。"

庞加莱在旅行中正准备登上马车时，刹那间发现了有关富克斯函数的重要内容。他在心理学协会发表演讲时，曾经将这一瞬间的发现解释为"长时间的先行研究在潜意识中发挥作用的表现"。阿达马在《数学领域的发明心理学》中围绕庞加莱的演讲内容，对发明心理学展开研究，最后得出了结论："潜意识"是影响发现的主要因素。也许"潜意识"听起来多少带有些神秘色彩，不过阿达马认为，我们的人脸识别功能也是"潜意识"的产物。

何谓"潜意识"？根据脑生理学研究表示，人的左脑和右脑具有不同的功能，左脑是分析性的，而右脑是综合性的[1]。左脑负责语言、逻辑、计算等，右脑负责音乐、模式认知、几何等，而且令人惊讶的是，与自我意识相关的内容由左脑控制，不相关的则由右脑控制。

那么，阿达马所说的“潜意识”属于右脑的功能，现在看来也符合逻辑。而且阿达马认为人脸识别是“潜意识”的产物，这与模式识别属于右脑的功能基本相符。

当然，我们对上述脑生理学的解释是否正确多少还心存怀疑，不过如果这个解释正确，那么以前我们在初中阶段学过的欧几里得平面几何应该是最适合初等教育的教材。平面几何需要观察图形并对其进行验证。观察图形属于右脑的功能，验证属于左脑的功能，因此平面几何能将左脑和右脑联系起来，起到同时训练左右脑的作用。特别是画辅助线需要观察图形整体后做出综合判断，因此这也是训练右脑的最好方法。正如阿达马所说，如果发现是“潜意识”即右脑的功能，那么平面几何就是帮助培养创造力的最好教材。

近年来，日本的初等数学教育删除了欧几里得平面几何知识，看来因此而失去的东西远远超出了我们的认知。

（《数学 Seminar》1979 年 3 月刊）

1 J. C. Eccles, *The Understanding of the Brain*, McGraw-Hill, 1973.

学术交流——围绕数学世界

采访者：伊东俊太郎[1]

日本的数学水平很高

伊东：1972年，我在普林斯顿高等研究院与您有过一面之缘，至今已经过去了3年。您当时接受了来自普林斯顿大学斯宾塞（D.Spencer）教授的邀请，在当地度过了一段悠然自得的研究时光。同时您站在国际舞台之上，数学研究的成果可谓硕果累累。曾经有一段时间，您还被日本媒体称为“日本首位外流人才”。请问您最早出国从事研究工作是在什么时候呢？

小平：是在1949年。

伊东：目的地是？

小平：普林斯顿高等研究院。最早邀请我的是赫尔曼·外尔教授。我在高等研究院待了一年，接着去约翰斯·霍普金斯大学担任了一年的客座副教授。在那之后又重新回到普林斯顿，辗转在高等研究院和普林斯顿大学之间，一直待到了1961年。后来又在哈佛大学待了一年，在约翰斯·霍普金斯大学待了三年，在斯坦福大学待了两年以后回日本。总共在国外待了18年。

伊东：您在1954年的阿姆斯特丹国际数学家大会上获得了菲尔

---

1 伊东俊太郎（1930— ），科学史、文明史研究者，东京大学名誉教授，著有《文明中的科学》《近代科学的源流》等。——编者注

兹奖，菲尔兹奖被誉为数学领域的诺贝尔奖。能请您谈一谈获奖时的感受吗？

小平：并不是任何研究都有机会获得菲尔兹奖。当时我已经开始研究调和积分理论、复流形理论等，正因为我从事这些研究，所以才会获奖。这个奖项是有年龄限制的。

伊东：这听起来很有趣！

小平：国际数学家大会每四年召开一次，会上向做出杰出贡献的年轻数学家授予奖项，为了鼓励他们继续从事研究工作。所以年轻是必要条件。不过问题是年轻的界限在哪里呢？现在的规定是不超过 40 岁。曾经也有过修改年龄的提议，不过总觉得超过 40 岁就步入中年了，所以还是保留了原来的规定。

伊东：数学的话，是不是一般在 40 岁前都能做出一定成绩了呢？话说回来，我们在考虑国际交流时，如果是人文社科的话，也有很多人在国外从事相关工作，而且从语言的层面上来说，我们经常会遇到无法准确表达自己想法的情况，对我们来说，语言有时候会成为绊脚石。不过在自然科学领域，特别是数学，只要通过符号就能交流，这是不是一个优势呢？您是怎么认为的？

小平：这确实是一个非常大的优势。刚去美国的第一年，我完全不会说英语。

伊东：不会说英语也没什么关系吧！

小平：没什么关系。不过后来我开始讲课，因为英语发音不好，没有信心保证学生听得懂，所以就把所有内容都写在黑板上，结果这样反而便于学生理解，反响也还不错。不过学生对我的课的评价不是“不容易听懂”，而是“不容易看懂”。结果我指导的美国研究生模仿我的风格，明明英语很流利，却非要把所有内容都写成板书。

伊东：这倒是一个有趣的现象。您的上课风格深深影响了美国学生呢！看来数学或者说自然科学比较容易开展国际交流。而且与其他的自然科学相比，比如说与曾经领先世界的理论物理学相比，从事国际化工作的数学家更多。就以普林斯顿高等研究院为例，数学领域差不多有三四人，而且随时都有日本的年轻人在那里从事研究工作。理论物理学的话近几年都是每隔一年才会有一人，稍显落寞。而且纵观美国的大学，一些一流大学都能看到日本教授的身影，甚至还是代表性人物，颇具磅礴之势。比如说普林斯顿大学的岩泽教授、志村教授，哈佛大学的广中教授，约翰斯·霍普金斯大学的井草教授、伊利诺伊大学的竹内教授，耶鲁大学的玉河教授等，这些教授都在各自的学校大展拳脚。可以看出，日本人一直在数学领域从事着世界性的研究。这种现象很早就有，并且持续到现在。为什么日本人给人一种擅长数学的感觉呢？

小平：这是为什么呢？我们经常说实验物理学很费钱，不过理论物理学应该跟数学差不多才对。也许是我们适合研究数学？我也不太清楚。而且还有语言的问题，毕竟理论物理学与数学不同，必须展开讨论让他人信服，而数学的话只要完成证明就可以了。

伊东：日本的数学教育有没有什么优点？

小平：我倒不是这么认为的。虽然日本数学教育水平很高，但是我不知道这是好事还是坏事。这也很神奇，美国的数学教育水平相对较低，在我上学的那个年代，日本的教育水平也还不高。

伊东：不过在美国，很多孩子后来一下子突飞猛进。

小平：是的，还有人上大学后数学突然变好。

伊东：然后就会赶超日本的校园精英们。日本人的话好像从一开始就接受程度很高的数学教育，也许问题就出在这里。

数学是感觉性的学科

伊东：稍微换个话题，您最近在东京大学理学院的《宣传》上刊登了一篇非常有意思的随笔，题目叫作《一位数学家的妄想》(本书第 14 页)。在这篇随笔中，您从自身的体验解释了什么是数学，发人深省。您说“宇宙万物、森罗万象的根本之处存在固有的数学现象”，物理现象的根本是数学现象，数学家凭借一种叫作“数感”的感觉“观察”数学现象，因此与其说数学是逻辑性学科，还不如说是感觉性学科。您这个想法见解独到、与众不同，您能稍微谈一谈您现在的看法吗?

小平：我相信确实有数学存在。

伊东：数学存在具体又是什么呢?

小平：我们仿佛感觉能够触碰到物理存在，不过仔细想想，实际上并不可能。我们无法触碰电子、质子，如果是基本粒子的话，除非使用耗费数亿美元建成的巨型粒子加速器，不然连基本粒子是否存在都无从判断。这样看来，人们认为物理存在比数学存在更真实，这个想法就十分奇怪了。这是因为数学的存在是更加根本的，自然万象则载于数学之上。我们人类拥有观察自然现象的感觉，这些感觉通常被认为只有五感。

伊东：像我的话就只有五感，所以没法像感受物理存在一样“观察”数学存在。正如您所说，只有一小部分人具有“数感”，其中数感特别敏锐的人才能成为数学家。

小平：不对，我觉得每个人都具有数感，只是有些人比较敏锐，有些人比较迟钝而已。我们都知道候鸟，据说候鸟可以通过观察夜空中的星座来判断飞行的方向，如果候鸟没有敏锐的时间和空间感觉，不可能做到凭借星座判断方向。而且星座会随着时间、日期、地点发生变化，我认为正是因为候鸟在进化过程中需要这种神奇的感觉，所以才使得这种感觉变得发达。

再比如说，我们都听过模式识别，人在三四岁时模式识别的感觉就非常敏锐。但是，普通的计算机却无法实现这一点。如果要研究模式识别，就需要一种大型计算机。其实我们人脑中就隐藏着类似这样的大型计算机。然而小型计算机的数字计算能力，我们人类却望尘莫及，处理这类信息的回路明明极其简单。不过我认为在人类的进化过程中，如果从一百万年前我们就需要算数的话，那么现在我们应该具备计算机的数字计算能力。

伊东：您应该认识普林斯顿高等研究院的安德烈·韦伊教授（André Weil），我曾经有幸与他有过交谈的机会，他也说过依靠直觉“观察”数学存在。这与您的看法一致，也许具有创造性思维的数学家们主要是遵循某种确定的直觉开展研究工作，而不是通过设计出无矛盾、形式上的定理后再对其进行逻辑性推理。而且，这种直觉并不是经验上的感觉。

小平：识别模式并不是单纯的视觉行为。例如围棋主要是模式识别，虽然需要思考，但是只会思考却无法成为围棋专家，目前的计算机也做不到这一点。围棋中，好像从棋手刚开始下围棋时就可以判断这个人能否成为围棋专家。如果你喜欢下围棋，想要成为一名职业围棋选手的话，只要你跟专家下一盘棋，他就能告诉你，你可以达到什么样的高度，或者这样的水平还是放弃比较好。

伊东：这也算是一种“棋感”吧？

小平：所以硕士研究生入学考试其实只需面试就可以了。这很好理解，因为有些考生笔试成绩很高，一开口就觉得有点不太对劲儿。

伊东：这可真是个有趣的现象。数学也一样吧？

小平：人们一般认为数学由公理出发，再按照逻辑推导而出。书写全部用符号表示，符号本身却没有意义。如果真是这样，就没有必要选择研究的方向，而且所有问题都需要推导。还有这样的话平面几何也必须从公理出发，再推导出“三角形的内角之和等于两个直角”。然而这无法从公理推出，说到底是一种感觉。

伊东：这不就是逻辑上有一个推论，只要遵循它就行了？

小平：是的，不过只遵循逻辑的话，根本无法确定推进逻辑的方向。

伊东：还是需要有方向的。

小平：没错。

伊东：这样说来，发现一个有意义的数学问题就像哥伦布发现美洲大陆一样。哥伦布先是预感到一种“存在”，然后跟随着直觉引导的方向展开旅程，同样数学家也是凭借着自己的“数感”开拓新的数学研究方向。

小平：我是这么认为的。

伊东：我还想向您请教一个问题，就是为什么数学对自然科学作用如此之大？就像您也在书中提到过，正如黎曼几何学曾经言中爱因斯坦的广义相对论一样，数学研究并非是自然科学的追随者，而是走在其前面，成为解读自然的最有力武器。我们经常误以为首先存在类似物理现象这样的稳定结构，数学结构是以其摹本的方式出现。因此，我们总是感到疑惑，为什么先出现的数学能临摹得如此逼真？您认为物理存在不一定比数学存在稳定，例如在量子力学中，经常会出现数学赋予物理存在意义的情况。甚至我们可以认为数学在深处规定了物理存在，并赋予其意义。

小平：我是有这种感觉，而且不这样想的话就说不通了。最神奇的是计算公式，刚开始只是公式而已，随着时间的推移，公式自然而然地就会发现其他东西。

最近我们常常会听到黑洞。黑洞只不过是爱因斯坦广义相对论基本方程式的数学解的表现，我们都以为它不是一个真实的存在，没想到这东西确实存在。据说是遥远的双星，只有其中一颗恒星会发光。因为另一颗是黑洞，所以完全看不见。但是，正因为是双星，所以能够计算它的质量等。而且双星中的一颗会释放气体被另一颗吸收，吸收气体时会释放X射线。人造卫星能观测到上述现象，因此就发现了黑洞。

我总觉得所有现象的背后都隐藏着数学现象。

伊东：这太有意思了。话说回来，您在说“观察”数学存在或者现象时，到底观察到了什么？数学家在创造的过程中好像在观察什么东西，这个东西具体又是指什么？我想知道的不只是感觉的对象，而是更理性的东西。

小平：我想这点与物理相同。特别是奇妙的基本粒子，我们并不知道自己看到了什么。为了系统地解释包括理论在内的全部内容，我们在脑中想象出了基本粒子，而且我们绝无法去触碰或者观察它。

伊东：也许存在一个数学的宇宙，数学家们在观察这个宇宙中的某个局部空间，同时从事着创造性的研究。

小平：我们会发现新的数学定理，在这种情况下一定称之为“发现”，而不是“发明”。

伊东：因为“发现了”原本就存在的事物。

小平：是的，我也不知道该如何解释，不过就是一种发现了本来就存在的事物的感觉。也许我应该再稍微认真学习学习，因为这只是我的“妄想”而已。

日本和美国的对比

伊东：访谈进行到这里，能请您聊聊兴趣吗？据爆料，您钢琴弹得非常好，您的太太则会拉小提琴，您家里的音乐氛围很浓。

小平：会倒是会，不过还不到弹得好的程度。

伊东：从毕达哥拉斯时代开始，数学家和音乐之间好像存在某种联系。

小平：数学家中喜欢音乐的人，好像确实比文科领域中喜欢音乐的人多不少，但是几乎没人成为音乐家。我在美国曾碰到好几位数学家，他们原本想成为音乐家，不过最后却放弃音乐纷纷投身数学。其中有一位本职工作是作曲家，但是因为作曲养不活自己，只好兼职数学老师。

伊东：我经常听别人说您好奇心非常旺盛，除了数学以外，经常阅读《时代》和《新闻周刊》，他们说在美国经常能听您说一些新奇的事情。

小平：那些杂志跟日本的周刊杂志不同，刊登的都是有趣的真人真事，有时候还会读到与自然科学相关的故事。我曾经读到一个奇怪的故事，讲的是“喂猪喝酒的实验”。

伊东：是吗？那是一个什么样的实验？

小平：如果同时饲养 10 只猪的话，猪的群体中会自然而然地形成级别。然后到了晚上猪回猪圈睡觉，最厉害的猪会霸占猪圈里头最暖和的位置，而级别最低的猪却只能将猪蹄露在外面，忍受寒夜入睡。据说猪爱喝酒，饲养者有一次喂猪喝鸡尾酒，最厉害的那只狂饮琼浆，醉得厉害，结果导致自己在群体中的级别降低了，大概掉到第三名左右。不过等它酒醒后，排名又回到了第一。于是吃一堑长一智，第二次喝酒时这只猪就告诫自己不能喝过头。倒数第二名的猪则喝得最多，好像是因为挫败感或者说是抑郁。反而最后一名貌似看破一切，滴酒不沾。我不禁感叹，原来猪也有自己的想法。杂志上经常会刊登类似这样的趣事。

伊东：确实很有趣！话说回来，您在国外工作了 18 年，对数学界的发展做出了自己的贡献，7 年前您回日本，致力于为日本的数学界培养后起之秀。您觉得日本和国外相比有什么不同？

小平：确实存在许多不同，在美国时我的课程安排会比较多，大概每周 6 小时左右。回到日本以后，他们有时会让我迟 10 分钟去讲课，我在美国时候从来没有碰到这样的事情，都是准点开课，上满 6 小时，而且很少休息。从这点来看，在日本上课相对轻松，一周最多上 2 小时，然后随时可以休息，而且一旦召开学会就停课，这在美国完全无法想象。不过在美国，老师只要授课就可以，不需要做其他杂事。

我曾经思索过为什么会产生类似这样的差异，也许是因为在美国不需要跟其他人商量，只要负责地完成自己的任务即可。比如说教研室主任具有很大的权限，他负责决定每一位教员的工资，我在约翰斯·霍普金斯大学工作了 3 年，很少见到所有教授全员集合正式召开会议，一年也就三四次而已。副教授的工作需要跟其他人商量，不过一般都是听从主任的分配。那么主任是不是很忙呢？没有，反而特别闲。日本的大学好像都忙着开会，如果所有事情都能由自己决定就好了。

伊东：日本的话，即使是琐碎的小事，也都需要开会决议，然后做出最终决定，所以杂事很多。

小平：委员会也是一样，在美国都是采取全权委托制。比如说学位论文审查委员会，一般由 5 名委员组成，他们会认真地开展答辩工作，一般是 2 小时或 3 小时左右。口头答辩结束后，他们会先让学生到屋外等着，当场讨论结果，然后再叫学生进来，当面告诉他是否能取得博士学位。

在日本的话，答辩结束后还要将结果提交给理科委员会，他们会再次进行讨论，投票决定结果。但是却从来不会出现投票否决的情况，感觉只是一个形式而已。

阻碍交流的制度问题

伊东：回日本以后您担任过理学院院长，也经历了大学纷争，真是难为您了！还不如在美国悠闲自在地做研究吧？除此之外还有经济的问题，美国的薪资水平很高，相比而言日本就差多了。大家普遍认为薪资问题是人才外流的主要原因，您也这样认为吗？

小平：之前确实如此。在美国的时候，每个月的工资就足够满足所有开销，在日本必须得做兼职才行。不过最近日本的工资也增加了不少。

伊东：作为日本人，我们为您在国际舞台上的出色表现感到骄傲。与此同时，您回日本以后致力于培养后辈，我认为这个意义也十分重大。比如说您的门下有许多非常优秀的弟子，在前年召开的复流形理论国际大会，我听说他们在会上大显身手。看到这样的场景，您会觉得回国真好吧！

小平：是的，这的确让我感到欣慰，而且会上还能用日语交流。此外，东京大学的学生确实不错，这倒是日本特有的现象。

美国有许多名校，哈佛、普林斯顿、斯坦福、伯克利等，因为优质生源分散，所以学生质量基本没有太大的差别。不知道为什么，日本的优质生源都扎堆在东京大学了。

伊东：这样说来，东京大学的学生还是值得培养的。

小平：是的，虽然我乐在其中，不过对整个日本来说，东京大学包揽所有人才倒不是什么好现象。

伊东：确实，还是分散开来比较好。

小平：对于这点，美国的模式是这样。学生本科毕业后基本上会考取外校的研究生，研究生毕业找工作时，又供职于另一所学校。

伊东：这是不错，因为环境的改变会引起“突然变异”。不同环境有着不一样的刺激，因而会帮助产生新想法。从这个意义来说，能给自己提供了一个自我变革的机会。我们不知道长时间处在相同环境里到底是好是坏，从国际层面上来看，如果能像您一样出国从事伟大研究，为全世界的学术文化做出杰出贡献，这的确是令人欣喜的景象。不过另一方面，优秀人才外流多少让人感到遗憾，所以我们也希望更多人像您一样回日本培养后辈。

小平：我认为希望回日本的研究者大有人在。不过貌似日本的相关制度非常不完善，也就是说，日本的制度更有利于长期工作在相同环境的人，比如说退休金、养老金比较高，增长的比例差不多是连续工龄的三次方或者四次方，中间出现空白期的话就会大幅减少。所以很多人即使想回日本却也回不来了，因为回日本后养老金、退休金少得厉害。还有，高房价也是一大问题。如果这些问题能够得到很好的解决，越来越多的人才会选择回日本。

伊东：看来很有必要修改制度，以帮助促成交流。

小平：非常有必要。不过日本整个社会的习惯却是尽量不要改变职场制度……

伊东：因为日本社会缺乏流动性，所以有时候在国际社会孤立无援。

小平：在日本，先后供职于私立大学和国立、公立大学并不是一件好事，供职于私立大学的年限不等同国立、公立大学。假设我在私立大学工作 10 年后调入国立、公立大学，我每个月到手的工资就要比相同级别的同事少，甚至还会影响到养老金的多少。或许当时的问题还不严重，不过这个制度的缺陷是只要发生变动，就会给变动者带来损失。

伊东：是时候该好好思考这个问题了。

希望日本也拥有开放的学术“环境”

小平：还有一点我也很在意，总感觉一直以来我们的交流好像是条单行道。我们应邀赴美一般都是美方提供经费，日本也没钱邀请对方的学者来访。数学界也一样，我们也能向国家申请研究经费，不过经费使用的限制却非常多，比如说规定经费不允许用于邀请外国学者来日交流。美国的话，NSF 会提供研究经费，而且经费可以自由使用，没有任何限制。

伊东：确实如此。我两次赴美学习都得到了美方的经费支持。甚至在我获得博士学位之后，美国的 NSF 仍然愿意资助我实现欧洲、中东之旅，以确保完成相关的研究工作。他们对所有国籍都一视同仁，帮助学者们开展研究工作，名副其实地提供一个开放的、国际化的学术环境，支援各项研究工作。

小平：数学的话，我最想把研究经费用于学术交流，除此之外好像也没有其他用处。

伊东：没错，邀请优秀的学者来日本访问，他们能给我们带来各种学术上的冲击，因此我们自身也会萌生许多新的想法，最有必要的还是多多开展学术交流。

小平：我非常同意您的看法，也不知道是谁规定不允许将研究经费用于学术交流的。这个想法实在太奇怪了。

伊东：听说近来国外对日本研究学者推出了许多优待措施，因此很多日本研究学者能经常回日本。不过我认为不研究日本也没关系，研究数学也好，理论物理学也好，完全可以跳出国籍的束缚。就像我们身在美国时，也没有研究美国。

小平：是的，希望我们国家也能建成一个类似普林斯顿高等研究院那样的研究所。据说普林斯顿高等研究院的成立是源于一位妇人捐赠的一笔基金，刚开始主要从事数学和历史研究。

伊东：在以前，很多人从美国的大学毕业，都纷纷去了欧洲从事研究，美国意识到人才流失的严重性，于是他们努力在国内制定一个利于开展学术研究的制度，争取赶超欧洲学术的最高水平。

小平：因此，美国当时聚集了一批一流的人才，其中包括爱因斯坦、外尔、西格尔等超一流的大师。好像美方提供的薪资极高，而且不需要履行任何义务，只要从事研究工作即可。除了这些厉害的教授，他们还邀请各国的年轻学者赴美学习。我去的时候大概有百来号人，都来自世界各国。我们也不用履行任何义务，只管自己学习就好。规定的学习年限一般为两年。最终普林斯顿高等研究院成为了世界数学的中心，为数学进步做出了巨大的贡献。

伊东：我最喜欢普林斯顿高等研究院上午 10 点和下午 3 点的茶话会时间，因为每到这个时候，各个领域的研究学者都聚在一块儿，随意交谈。不仅能和自己同年代的年轻学者交流，还能和数学大家韦伊老师、社会学家里斯曼老师等大师进行交谈，真的非常令人兴奋。而且，整个房间的氛围自由轻松，无拘无束。谁都不会在乎自己的付出和索取，如此无私的学术研究环境实在难能可贵。事实证明，普林斯顿高等研究院在数学和理论物理学等方面属于世界顶尖水平，在历史研究领域也是一样。所以我个人认为这非常值得借鉴，如果只关注眼前的利益得失，就无法真正促进学术进步。

小平：没错，而且他们还提供住宿，宿舍内餐具、寝具齐全，他们还会提前买好食材储存在冰箱里，这些食物够你生活两三天。即使你刚去时不知所措，生活上也不会有任何不便。希望日本也能建成一个类似的机构，我倒觉得这应该花不了多少钱。

伊东：我也希望，先不要顾虑是否能够立即做出什么贡献，只有等日本建成一个自由的学术研究环境，才能在国际社会占得一个立足之地。

（《国际交流》1975年5月第5号）

科学、技术与人类进步

在1975年10月30日、31日通产省主办的

“产业与社会”研讨会上发表演讲

我是一个除了数学之外什么都不懂的数学家，也不认为自己有资格参与谈论有关人类进步的重大问题。七月快结束时，通产省的宫本审议员来找我，邀请我出席本次研讨会并在会上发表有关科学技术与人类进步的演讲。刚开始我很犹豫，不过宫本审议员一再热情相邀，我想他如此坚持肯定有他自己的理由，也许他认为像数学家这样单纯的学者眼中能看见人类的进步，或者他想将数学家的想法作为讨论的参考材料，所以最后我还是同意了。

众所周知，近来科学、技术的进步成绩惊人。虽说成果为大家所熟知，但其实在日常生活中我们几乎都忘记了它的存在。为了帮助大家重新拾起对科学、技术成果的记忆，首先我想在此引用著名钢琴家施纳贝尔的童年回忆，他在芝加哥大学演讲时列举了许多他童年（1890年）没有的东西，例如：

电——极其罕见	X射线——无
电话——极其罕见	汽车——无
电梯——几乎没有	收音机——无
冰箱——无法估计	打字机——无
安全的剃刀——无	电影、报纸的照片——无
铝——无	飞机、潜水艇——无

表中没有与医学相关的内容，其实医学在我小时候就已经飞速发展。那时候的新生儿，约有一成活不到四岁。青年中大概又有一成死于结核病。上述的数字只是大概的估计，具体准确统计并不清楚，不过在我的亲戚朋友中，因结核病去世的人确实超过一成。然而现在几乎不会发生类似的现象，日本人的平均寿命超过了古稀之年（70岁）。

我们生活在科学技术的恩泽之下，与科学技术不发达的19世纪90年代相比，我不知道现在的我们是否幸福，但是我相信如果我们现在所享受的科学技术在一夜之间消失殆尽，我们一定会变得非常不幸。尽管如此，现在也经常会听到批评科学技术的声音——当然我也认为该批评之处肯定需要批评。不过我们听到了很多不理性的批评，他们无视科学技术带来的所有好处，一口咬定科学技术是坏蛋。每当听到这些批评之声，我心里总是感到疑惑，仿佛人类是一种在自己创造的科学技术环境中无法生存的生物。

进化论表明，生物在进化过程中自然会优胜劣汰。虽然我们对总是用优胜劣汰来解释进化持有怀疑态度，不过大致上事实确实如此。人类是进化极其迅速的生物，即便如此，计算进化的单位还是以一万年来计量。五千年前的克里特文明，两千年人类历史上出现的智者柏拉图、孔子等人，种种迹象表明，作为生物个体的人类可能差不多从一万年前就停止进化了。如此说来，作为生物个体的人类最适合生存的环境应该是一万年前居住在洞穴，以及使用石器和棍棒与野兽搏斗。

虽说人类是具有理性的动物，不过如此看来，我担心人类只有在与自己利益没有直接冲突的情况下才能保持理性，例如碰到科学技术研究等情况下，随着直接利益冲突的增加，人类会变成依靠本能行动的动物。我记得著名数学家 Z 教授曾经打趣地说过："人类用胃做决定，然后用脑袋想歪理，以确保决定的合理化。"这种现象确实是存在的。既然是具有理性的动物，处事当然应该基于理性判断，然而当涉及直接利益冲突时，人类却偏好遵循本能做决定，然后用理性寻找借口使其合理化。

我认为这种本能主要是想要支配他人，即成为领导者的本能，还有就是占领属地的欲望。众所周知，这两种本能属于某些高等动物的根源性本能，源于一千万年以前，就连进化后的人类也无法摆脱这种根源性本能的枷锁。奇怪的是，当多数人组成集团时，这种本能就会得到充分显现，特别是国家间的对抗，我认为国家完全是受本能支配的产物。例如国家之间应该相互商量共同废弃类似原子弹这样的危险存在，所有人都心知肚明，但是却无法实现。那些哪怕仅有一丝理性也应当为之的事情，却始终难以实现，这又是为什么呢？只是因为涉及国家间的对抗，群体的行为就被本能支配了，仅此而已。

我们普通人自以为很理性，所以我们会认为大国揣着原子弹叫嚣对抗的举动是很愚蠢的行为，但是静下心来思考，我们会发现其实我们与国家一样受本能支配。首先想要成为领导者的本能在支配着我们的行动。关于这点，我想引用一段皮亚蒂戈尔斯基（Piatigorsky）先生自传中有关管弦乐队指挥的故事来说明。管弦乐队的事情，在座的各位可能不太了解。在管弦乐队中，指挥拥有绝对的权力，其地位在现代社会中也很罕见。据说在以前，指挥还有权力罢免乐队成员，现在的话只要涉及演奏事宜，指挥仍然是拥有绝对权力的最高领导者。皮亚蒂戈尔斯基说，如果管弦乐队的成员有机会晋级成为指挥，那么之前不那么喜欢音乐，连自己负责的部分也不太清楚的人，会因此瞬间变成痴迷音乐的人，同时记忆力也变好，能够记住整个乐队的乐谱，精神面貌也完全不同了。我们可以由此直观地感受到人想要成为领导者的本能是多么根深蒂固。

另外一种本能是占领属地的欲望。世界上有许多国家，有些国家地少人多，有些国家则地广人稀。我从来没有听闻有哪个幅员辽阔的国家的元首会理性地说："我们国家领土如此广阔，有些角落空着没用，我看贵国为领土狭小而烦恼，所以我把这些角落送给你们好了。"岂止如此，仅仅想象这种发言存在的可能性都会让人觉得可笑。现在世界各国的态度基本都是"寸土不让"。虽然我们认为只要每个国家都稍微理性一点、宽容一点，整个世界就会变得更加和谐，但是除非是与我们没有直接利益冲突的情况，否则绝不可能。例如我们大学教授应该是最理性的一群人，就连我们碰到大学校园内的领土问题，也会立即失去理性，采用“寸土不让”的态度。东京大学本乡校区一共有10个学院，每个学院都有自己固定的领土。国家与国家之间一般都会划清国界，然而本乡校区的各系之间并没有划清界限。从原则上来说，学院之间不存在什么领土问题，不过实际上每个学院都清楚规定自己的领土范围。领土面积相对较少的学院会向占领大面积领土的学院提出分割一部分土地，不过基本都以失败告终。当然还是会正式开会讨论，但是因为“胃”做出了“寸土不让”的决定，所以“脑袋”只好想出各种借口来支撑这个决定。因此不管如何讨论也得不出任何结果。很明显，大学教授的理性也无法控制占领属地欲望的本能。

此外，有时候人还会为这些本能戴上理性的面具。例如，被某种观念束缚导致无法认清事实。我认为这种情况下的“某种观念”正是戴着理性面具的人类本能。例如在日本，关于数学教育不少学者认为“任何人都能深入理解数学。小孩子不喜欢数学都是因为老师教得不好”。这就是将“人人平等”原则放大成“所有人生来都具有相同的能力”，显然与事实不符。《数学 Seminar》杂志中有一个专栏叫作“下午茶”，每期都会邀请日本各界的名人谈谈对数学的感受，结果十个人中有九个人都表示数学难以理解，所以以前非常讨厌学习数学。即便事实摆在眼前，那些叫嚣着任何人都能理解数学的学者们肯定又要把讨厌学习数学的理由归咎于老师教得不好。正如有些人个儿高，有些人个儿矮，既然人的身体结构都存在个体差异，那么器官结构如此复杂的人脑当然同样存在个体差异。之所以会无视如此明显的事实，被“任何人都能深入理解数学”的观念束缚，是因为戴着理性面具的本能在背地里作恶。

各种现象表明人的理性特别不可靠，它不但无法压制本能，甚至还会沦为侍奉本能的仆人。最终人类只能适应一万年前的生存环境，无法彻底适应现代的科学技术环境。而且最近产生了一种倾向，即相比理性而言，人们更强调本能和感性。可能这也是对科学技术提出非理性批评的原因所在。

我想还有媒体在背后起到了推动作用，媒体的发达给我们提供了许多资讯，我们在表示感激的同时，多少觉得有点太过发达了。本来媒体的作用在于传播资讯，极端一点说就是喇叭的作用。一己之声无法传入大众之耳，在话筒一放大器一喇叭的帮助下，越来越多人能听到放大后的声音。另一方面，只要调大放大器的音量，喇叭的声音重新传入话筒再次被放大，接着输出到喇叭后再次传回话筒，在不断重复中喇叭会发出“哔哔”声，这与拿着话筒说话的人没有任何关系，只是音响设备出现声音回授（啸叫）现象了。即使没有产生啸音，越趋近这种状态，喇叭的声音就越浑浊。现在的媒体太过发达，即放大器的音量过高，感觉马上要出现声音回授现象了。

例如报纸经常开展舆论调查，我经常感到不解，因为舆论本来就是报纸的产物。

我们普通人仅仅只是根据媒体提供的信息，然后向媒体反馈形成自己意见的素材，而且媒体主要报道类似抢劫、杀人等的恶劣事件，好人好事基本不会成为新闻。对待科学技术也是一样，媒体只会大肆报道它的缺点。媒体本身的成立建立在通信技术以及其他技术进步的基础上，然而对于此事媒体基本闭口不谈。不过这也不是媒体的错，因为人的心理很奇怪，不知道为什么喜欢观察“恶”，却对“善”不感兴趣。

因此媒体主要大幅报道负面新闻，接着进行类似“您如何看待当今社会”的舆论调查，当然会得到“非常糟糕”的反馈。就正是所谓的声音回授现象。因为这种现象的存在，当今社会才陷入一种奇怪的状态，即毫无言论自由可言。

再例如空气污染问题，现在平均寿命年年创新高，看起来好像可以大言不惭地说空气污染已经不是什么大问题了。不过我不认为这种言论会被允许，因为言论自由不允许出现这种言论。为了慎重起见我再次重申，我本人饱受哮喘之苦，也是一位空气污染的受害者，所以空气污染并不是什么大问题并不是我的个人想法。同时我也不是在责难媒体，只是我个人怀疑媒体是引起声音回授这种物理现象的原因所在。

综上所述，我不得不认为作为个体生物的人类可能从一万年前就停止进化了，从而完全不适应当今的科学技术环境。讽刺的是，人类最擅长的却正是科学技术，最不擅长的，大概是政治吧。

由于政治在产生利益冲突时，会巧妙地发挥人类群体的本能，因此政治对于人来说当然不易。那么人类为何擅长科学技术呢？技术的话，可以说是因为从石器时代开始，人类就制造生活所需的工具，这种制造技术的发展推动了技术的进步。但是，科学的话，人能够理解、研究纯粹科学，特别是基本粒子理论、抽象的现代数学等科学的能力在一万年前应该毫无用处。

话说回来，为什么人会具备这种毫无用处的能力呢？我想这已经超出进化论能够解释的范畴。据说一些进化程度较高的高等动物为了能够生存下去，反而需要一些无用的、过剩的能力。所谓生存所需的无用的、过剩的能力，例如鹦鹉模仿人声的能力。人能够理解、研究纯科学的能力也可以被认为是一种过剩的能力，如此想来人具备在一万年前毫无用处的能力也就没那么不可思议了。生存必需的能力由优胜劣汰法则统一把控，因此基本不存在太大的个体差异。而生存非必需的过剩能力无法由优胜劣汰法则统一把控，因此存在极大的个体差异，特别是理解抽象数学的能力，这种过剩能力最没有用，所以个体差异也最大。

综上所述，那么多人讨厌抽象数学完全合情合理，因为本来就是生存非必需的能力，反而非必需能力优异的人才不正常。像我这样天生喜爱数学，而且只懂数学的人本身就很少，或者说是一种奇怪的存在。

现代技术基于自然科学，人类发展自然科学的能力是作为生物个体的人类非必需的过剩能力。因此在自然科学、数学方面，人的理性挣脱了本能的束缚，最终实现了科学技术的惊人进步。

本次研讨会的课题是关于“科学技术与人类进步”，今后人类将以何种形式进步呢？首先人类作为生物，其进化是缓慢的，可以用万年为单位来衡量，因此对最近几百年的进步不会产生太大的影响。而且，优胜劣汰的进化法则也不适用于人类。优胜劣汰指的是在生存竞争中失败的话就会消失，这本身就是一种非人道的现象，所以在人类支配地球期间，这个法则就不再适用于人类。如果生物通过优胜劣汰才能进化，那么作为个体生物的人类今后可能不再进化。于是人类的进步只能依靠积累，即下一代人要以这一代人创造的成果为基础，继续创造新的成果。众所周知，科学技术是通过积累发展而来，在科学技术之外的领域积累的作用并不明显。

例如音乐，直到现在巴赫、莫扎特、贝多芬的作品依然演奏得最为频繁，唱片目录中这三位音乐家的唱片数量极具压倒性，我们很明显可以感受到积累对作曲的作用基本为零。据说勃拉姆斯拜倒于贝多芬的伟大，多次修改交响曲，他直到43岁才完成了人生中的第一首交响曲。积累不仅对作曲无效，反而上一代的伟大成果还会压制下一代的发展。

差不多在十几年前[1]，有一位名叫约翰·凯奇(John Cage)的作曲家写了一首题为《4分33秒》的曲子。一位带着秒表的钢琴家走上舞台，向观众鞠躬后在钢琴前坐下，然后一直盯着秒表什么都不做，到了4分33秒时他站起来谢幕后走下舞台，4分33秒中观众发出的咳嗽声、叹息声等为这首奇怪的曲子提供了音乐素材。当今社会确实有很多怪人，凯奇创作这首曲子这件事本身倒没什么，当代的

1　1975年的十几年前。——编者注

音乐家、评论家们一本正经地对这首曲子进行评论，此情此景反而让我觉得下一代严重遭受上一代成果的压制而走投无路。因为稍微有点常识的人都不会认真去听《4 分 33 秒》这样愚蠢的曲子。

自地球诞生以来，许多大型生物出现后又走向灭亡，据说原本存在的生物中有 90% 的物种都已经灭绝了。生物在进化过程中犯的相同错误就是在某个方向进化过度，例如体形变得过大，等等。恐龙灭绝的一个因素就是过于庞大的身躯。大象也是，大象的种类原本超过 300 种，然而其中的绝大部分种类已经灭绝，现在只剩下两种。反而生活在南美的树懒，却通过慵懒的方式保持进化的稳定性，树懒常年倒挂在树上不动，它身上长满藻类，外表与植物无异，这种生存策略让树懒幸免于物种灭绝。

正如恐龙因体形过于庞大而灭绝一样，部分有识之士担心人类会重蹈覆辙，因科学技术过于发达走向灭亡。不过，即便人类因为科学技术而灭亡，那也不是科学技术的错，而是人类本能地滥用科学技术所带来的恶果。近 100 年科学技术的进步并非 100 年来的结果，而是长年漫长的积累。如果作为个体生物的人类已经进化到了适应其发展的程度，那么当今世界应该已经达到一个和谐稳定的状态。科学技术的进步已经超出近 100 年能够预测的范畴，科学技术是我们赖以生活的基础，事到如今已经无法逆转。特别是日本这种资源短缺、国土狭小、人口密集的国家，人口数量超过一亿的日本人必须依靠科学技术。

科学技术的急速发展同时带来了各式各样的公害问题，这些问题只能靠开发新的科学技术来解决。新的科学技术可能又会产生新的问题，貌似只能进入一个无限循环，因为除此之外也别无他法。于是又出现一批有识之士呼吁回归自然，以回避科学技术带来的难题。不过这看起来并不可行，就像告诫大象说“你体形太大马上就要灭亡了，所以你赶紧把身体缩小向树懒学习”一样。

为了防止科学技术毁灭人类，我认为应该尽量压制人的本能，不断强化理性的作用。感觉近来社会萌生了一种重视本能和感性的倾向，甚至出现了一股风潮，他们主张释放本能和感性，认为鼓励遵循本能和感性行动才是民主。在我看来，这种现象极其危险，也让人感到悲哀。举个大学内部关系的例子，自前几年的大学纷争以后出现了一个奇怪的现象，即学生自治会与院长进行集体谈判。我在担任院长期间也遇到过集体谈判，我实在无法理解明明提交书面材料就能解决的事情为什么非要召集一帮人、浪费时间进行谈判。谈判前我曾经问过他们：“为什么你们喜欢集体谈判，难道不是书面谈判更好吗？”他们告诉我“想要当面与院长沟通”，于是我再次反问他们：“在生物进化的过程中，生物之间的信息传播逐渐变成间接性传播，你们难道打算逆进化而行吗？”结果他们却保持沉默。这也表明了集体谈判是一种出于本能和信仰的仪式性行为。更不可思议的是，面对这种奇怪的行为，教授们丝毫没有表现出怀疑的态度。

其实我也不太清楚怎样才能压制人的本能，不过随着科学技术的进步，我们有可能会遇到出现不得不压制本能的情况。例如原子弹，虽然这听起来充满讽刺意味，不过原子弹确实已经造成了这种状况。我认为，阻止第三次世界大战爆发的一个关键因素就是原子弹。

但是这可以说是在用威胁来压制本能，一旦压制失败，后果惨不忍睹。看来压制本能的任务还是需要不断强化人的理性来完成。那么，具体该怎么做才好呢？首先，人是理性的生物，虽然我不太清楚人的理性为什么无法压制本能，不过亚瑟·库斯勒（A.Koestler）在《机器中的幽灵》（*The Ghost in the Machine*）中提到，这是因为人脑的构造存在根本性的缺陷。爬行动物进化成哺乳动物，哺乳动物再进化成人，在这个进化的过程中爬行动物的大脑没有进化成人脑，而是哺乳动物直接继承了爬行动物的大脑，在其基础上又叠加了哺乳动物的大脑（层次），于是人脑就直接继承了这两层大脑，并在此基础上又叠加了人的大脑，所以人脑由三层结构组成。三层结构之间的阶级组织（等级）并不明确，最上面的理性大脑层对最下面的本能大脑层的控制不太有力。我也不知道专家们是否承认库斯勒的言论，不过如果人脑机构存在缺陷，那确实解释了为什么理性无法压制本能。

Z 教授所说的“人类用胃做决定，然后用脑袋想歪理，以确保决定的合理化”可以解释成“人类在做决定时主要使用最下层的动物性大脑，思考歪理以确保决定的合理化时才使用最上层的理性大脑”。假设人脑存在如此根本性的缺陷，那么我们只能悲观地认为理性绝对无法压制本能。然而正如前面我提到过，人类不可能停止发展科学技术，学习树懒生活。所以即便冒着人类灭亡的危险，我们也只能继续努力发展科学技术。地球上的所有生物无时无刻不存在着濒临灭绝的危险，其中有90%的物种已经灭绝，事实证明人类最终也无法幸免。

备注

卡尔·萨根（Carl Sagan）、保罗·埃尔利希（Paul Ehrlich）等人的最新研究表明，大规模的核战争将会导致核冬天。核武器攻击引起城市和森林火灾，产生烟雾，核爆炸产生的灰尘覆盖整片天空，遮挡太阳光，因而地表附近光线变暗，温度下降，这就是“核冬天”。核冬天的程度取决于核武器的使用量，以及攻击对象是导弹基地还是城市。当今世界的两个超级大国苏联和美国，他们所拥有的核武器总破坏力达到1.5万兆吨，相当于投放在日本广岛的原子弹破坏力的125万倍。假设爆发核战争时两个超级大国使用合计1万兆吨的核武器攻击导弹基地和城市，在这种情况下，几个月后北半球的内陆温度就会降至零下40摄氏度，一年后温度依然停在零度以下。在使用5 000兆吨核武器的情况下，几周后温度降至零下20摄氏度，大概需要一年时间才能恢复至正常温度。比起核爆炸产生的灰尘，火灾烟雾中的煤成分才是遮挡太阳光的主力，因此如果1万兆吨核武器集中攻击城市的话，只需几周时间温度便会降至零下20摄氏度（卡尔·萨根《核冬天》，野本阳代译，光文社，1985年）。

这篇演讲发表于10年前，那时核冬天尚不为人知。虽然当时已有人预测城市一旦遭受大规模核武器的攻击，爆炸冲击波、辐射、火灾等将导致数十亿人死亡，不过谁都没有注意到核战争对气候会造成长期影响。

核冬天导致地面温度在几个月内降至零下 20 ~ 40 摄氏度，如此一来农作物无法生长，没有遭受战争迫害幸存下来的人也会因饥寒交迫而死。因为核冬天会向南半球蔓延，我们的文明肯定会消亡，搞不好人类自身也将会灭亡（请参照前文中提到的《核冬天》）。即便其中一个超级大国先发制人，成功用核武器攻击歼灭对手的核兵力，战胜国的国民同样也无法幸免于核冬天而最终冻死。

在对待核武器的使用问题上，人的理性与本能在相互抗衡。遵循理性的话，当然是全面废除核武器。尽管如此，之所以核武器丝毫没被削减，是因为两个超级大国遵循本能，尽可能确保自己处于优势以制衡对方。正如一些有识之士指出，长此以往总有一天会因某个突发事件或者错误估算而爆发核战争，一旦战争爆发，就会迅速升级成 1 万兆吨级别的大战。如此一来，人类将成为地球上首个因大脑过度发达而灭亡的物种。

在 6500 万年前的白垩纪末期，恐龙灭绝了，其真正原因至今还是未知之谜。1980 年阿尔瓦雷茨父子发现白垩纪末期的地层中含有的铱元素多于其上下地层，他们认为当时有一个直径约为 10 千米的巨型陨石撞击地球后爆炸，爆炸产生的灰尘覆盖整个天空、遮挡太阳光照射，因此导致地面温度降低。据最近的《时代》杂志（*Time*，October 14,1985）报道，芝加哥大学的安德斯在比较白垩纪末期的地层和其上下地层后发现，白垩纪末期的地层含有大量的碳元素，而且这些碳元素呈块状，外表看起来像蜡烛的灰尘，有可能是因为爆炸引起火灾、释放浓烟。落入白令海的巨型陨石爆炸后释放的能量高达 1 万兆吨，温度高达约 1700 摄氏度的火球以声速蔓延，瞬间导致亚洲大陆和北美大陆引发大规模山火，浓浓黑烟上升至平流层笼罩整个地球。因此出现了类似核冬天的“陨石冬天”现象。

巨型陨石撞击地球纯属偶然事件，如果没有发生这起事件的话，繁荣了 7000 万年的恐龙也许还能继续繁荣几千万年，那么哺乳动物的进化会随之推迟，大概至今人类都还没出现。巨型陨石撞地球的偶然事件对恐龙而言是不幸的事故，而对我们人类而言却是一种幸运。

在 6500 万年后的将来，地球上也许会出现新的智慧生物创造属于他们的文明，他们在研究古生物时发现“曾经有一种繁荣的动物叫作人类，他们在 6500 万年前突然灭绝。他们拥有发达的大脑却发明了一种叫作多核弹头导弹的愚蠢武器，然后引发战争导致自身走向灭亡”。我衷心希望此类事件不会发生。

第二章

长此以往，日本将陷入危险之境

最近，日本大学生的学习能力直线下降，目不忍睹。这里的学习能力指的不是知识量，而是自主思考的能力。日本资源匮乏，日本的经济取决于日本人在科学技术领域的创造力。长此以往，日本的将来会很危险。

为什么大学生的学习能力在不断下降？现在的小孩子从小学开始就上补习班，学习特别刻苦。那么，学习能力水平不断下降是不是意味着在做无用功？纵观日本的初等、中等教育，我怀疑造成学习能力下降的原因可能是许多知识的教学时间段偏早。

每门课程应该都有一个适当的教学年龄——适龄期。现在初等、中等教育的许多课程都忽视适龄期，争先恐后地开始教授知识。例如自然科学、社会课等从小学一年级就开始教学。因为过早开始讲解庞大的知识量，所以理论课程沦为背诵的对象，学生忙着背诵课上学到的知识，结果牺牲了自主思考的时间。我认为这是学习能力下降的原因之一。

有些能力如果小时候没有掌握，长大以后无论如何都无法学会。另外，还有一些能力长大以后也能轻松掌握。小时候没有掌握读写能力的话，长大以后就学不会，不过例如煎蛋等技能，长大以后还能掌握。在小时候未能掌握长大就学不会的科目、日常生活必需的知识都属于小学应当开设的基础课程，基础课程首先包括语文，其次是算术。

在我小时候——大概 60 年前，小学一年级的语文周学时为 10 小时，二年级到四年级增至 12 小时。除了思想品德、音乐、体育以外，一、二年级只有语文和算术，美术从三年级开始，自然科学从四年级开始，相当于社会课的历史和地理从五年级开始上课。上述课时分配表明，当时教育的基本方针是首先要留出充裕的时间讲解属于基础课程的语文和算术，等到了适龄期再慢慢讲授自然科学、历史、地理等课程。

我并不是在强调以前的教育方法优于现在的教育方法，不管是以前还是现在教育方针应该没有太大的变化，即留出充裕的时间学习基础课程，等到了适龄期再慢慢学习其他课程。只是现在日本的初等、中等教育缺乏统一管理所有课程的基本方针。

如果教学对象尚未达到适龄期，那么该课程的知识对他来说会很无趣，最终还造成时间和精力的浪费。例如现在小学一年级的自然科学和社会课，你们看一下教材就能明白其中的道理。现在从小学一年级开始每周要学习 2 小时的社会课，就算像以前一样从五年级开始每周学习 4 小时，只需要两周时间就能学完现在一年级阶段的所有知识。我无法理解，明明到了适龄期就能轻松掌握的知识，为什么非要吃力地从一年级开始学。现在的义务教育到初中为止，因此小学和初中采用连贯式教学，从小学五年级开始学习社会课并不晚，所以完全不用担心。到五年级以后，学生也具备了一定的语文能力，所以学习效率绝对高于从一年级开始学习。自然科学也是一样。

语文和算术属于基础课程，如果小学没有打好基础，初中以后就很难掌握，因此无法想象从五年级开始学习语文和算术，必须从一年级开始认真学习。所以基础课程跟社会课、自然科学完全性质不同。停止从一年级学习自然科学和社会课，假设从五年级开始学习的话，自然科学、社会课的教学效果得到提高，基础课程教学得到加强，孩子们也有充足的时间进行自主思考。有些课程明明从五年级开始学习效果更佳，如果强行从一年级开始学的话，最终只会耽误基础课程的教学。这让我们觉得对不起孩子们。

对于初等、中等教育的整体教学也是一样，为了培养学生的学习能力和创新能力，我们应该重新修改教学方针，首先保证学生有充裕的时间学习基础课程，等他们到了适龄期再慢慢学习其他课程，而不是过早地开设各类课程。此外，有些课程的教学内容没有必要专门在学校讲解，学校的教学工作应该限定在那些必要的课程上。因此当务之急必须从全局出发，确立一个统一管理所有课程的基本方针。如果——希望没有——课程之间存在类似权力斗争的现象，因此无法确立基本方针的话，那么学生的学习能力水平将会持续下降，日本在科学技术领域的竞争力将不敌其他国家，经济将会停滞不前，日本的繁荣也将走向终点。

（《初等教育资料》1983 年 3 月刊）

忘却原则的初等、中等教育——为什么、为了谁如此着急

最近七八年间，日本大学生的学习能力水平直线下降，目不忍睹。这里的学习能力指的不是知识量，而是自主思考的能力，即智慧。日本资源匮乏，日本的经济取决于日本人在科学技术领域的创造力。长此以往，日本将会陷入危险之境。

为什么学习能力水平在不断下降？现在的小孩子从小学开始就上补习班，学习特别刻苦。尽管如此，学习能力水平却在不断下降。究其原因，现在的初等、中等教育忘却原则，过早开始讲解庞大的知识量，学生忙着背诵课上学到的知识，结果牺牲了自主思考的时间。

说到原则，也许听起来像是什么晦涩的教育原理，其实我所说的原则指的是普遍常识。总而言之，一是教学应遵循合理顺序，二是教学存在适龄期。

首先，我稍微详细说明一下小学教育，具体内容如下：

教学内容分为以下三种：

（A）如果小时候没有掌握，长大以后无论如何都无法学会，例如读写能力。

（B）长大以后也能轻松掌握，例如煎蛋。

（C）学校不用教也能自然而然掌握，例如享用美食。

将教学内容分成三类后，很明显小学教育应该将其教学重点放

在属于（A）的课程上。其中，属于（A）的课程包括语文和算术（例如钢琴演奏也属于（A），不过除了少数能成为钢琴家的孩子以外，钢琴课基本没有必要）。因此语文和算术是小学的基础课程。

原则一　在小学阶段应该保证学生有充裕的时间学习语文和算术，有多余时间再学习其他课程 。

根据日本文部省的指导纲领，目前在小学阶段的五到六年间实行每周 2 小时的家庭生活课，主要内容包括学会制作鸡蛋料理和三明治、愉快聚餐等，学习内容多属于（B）和（C）。

每门课程应该都有一个适当的教学年龄——适龄期，这个道理也是显而易见的。小学阶段之所以没有开设哲学课，是因为小学生还没有达到学习哲学的适龄期。如果教学对象尚未达到适龄期，那么该课程的知识对他来说难以理解，最终还会造成时间和精力的浪费。

原则二　等学生达到适龄期再学习语文和算术以外的其他课程。

目前在小学阶段从一年级开始每周需要学习 2 小时的社会课和自然科学，然而低年级学生尚未达到学习社会课和自然科学的适龄期。

根据指导纲领，二年级社会课的内容如下所示：

（1）了解日常生活中常见职业的工作内容，同时引导学生发现零售店的工作人员需要优化销售方式，为顾客提供更好的购物环境。

（2）引导学生发现栽培农作物或者饲养、采集水产的工作人员需要灵活利用自然条件，努力预防自然灾害。

(3) 引导学生发现工厂的工人们需要共同合作完成加工原料、制作产品等工作。

(4) 引导学生发现公共交通的工作人员需要严格遵守公共交通的出发和到达时间，同时努力将乘客安全送达目的地。

(5) 引导学生发现收发邮件的邮递员需要准确快速地将邮件送给收件人。

上述 (1) ~ (5) 全部都是长大以后自然而然就会掌握的能力，我不明白为什么每周要专门花 2 小时引导 7 ~ 8 岁的孩子去发现。按照指导纲领要求编写的教材，其内容都是一些常识，例如 (1) 中讲的是买铅笔要去文具店、买鱼要去鱼店，(4) 中讲的是电车司机要确认绿灯亮了以后出发。二年级社会课的内容如此单薄，这明显说明二年级学生还没有达到学习社会课的适龄期。

小学属于义务教育阶段，既然是义务教育，教学内容必须是学生在小学阶段需要掌握的知识。如果规定二年级学生必须学习社会课，那么教学内容必须是 7 ~ 8 岁学生在学校需要掌握的知识。如果将宝贵的时间浪费在不太必要的课程上，因此耽误了基础课程的教学，那就太对不起学生了。在上述的 (1) ~ (5) 中，社会课的所有教学内容看不出来是二年级学生必须掌握的知识。

小学阶段的自然科学也是相同情况。根据指导纲领规定，二年级自然科学的教学内容如下：

(1) 引导学生发现植物的生长过程包括播种、发芽、开花、结果以及喜阳植物和喜阴植物的种植方法不同。

（2）引导学生寻找草丛、水里的动物，通过饲养动物发现每种动物的食物、居住环境、行为等存在差异。

（3）将物体溶于水中，引导学生观察溶解情况、寻找溶解方法，同时发现物体与水的变化情况，以及不同水温对溶解速度的影响。

（4）将空气置入容器中或水中，引导学生发现我们周围存在空气。

（5）引导学生利用秤砣制作一个会动的玩具，感受秤砣的重量，了解秤砣的重量影响移动的速度。

（6）用导线连接电珠和电池，通过点亮电珠以及设计其他实验引导学生发现点亮电珠的方法，理解物体分为导电和不导电两种。

（7）利用不同物体发出声音和传导声音，引导学生发现物体发出声音时会振动以及线等物体能够传导声音。

（8）观察向阳处和背阴处的环境，引导学生发现地面的温度、干燥情况、水的温度等方面的差异，以及背阴处的位置会随着太阳的移动而改变。

（9）利用沙子、泥土和水设计实验，引导学生体验沙子和泥土的手感、凝固方式、渗水情况、沉入水中时的状态等存在差异。

我同样看不出来二年级学生学习上述知识的必要性。按照指导纲领要求编写的教材，其内容都是一些常识，例如（2）讲的是鳉鱼、源五郎鲫、锤田螺、小龙虾等生活在水里，小龙虾的饲料有米饭、面包、黄瓜等；（4）讲的是吹气能使气球、塑料袋鼓起来。

而且，从一年级开始社会课和自然科学就规定要考试。有考试的地方就会催生应试产业，他们出版的试题集以教材为依据，当然试题集都附有答案。从试题集大概就能看出考试一般会出什么题目，例如二年级社会课的试题：

圈出下列物品中妈妈偶尔才会买的物品。

(1) 鱼、(2) 内衣、(3) 墨水、(4) 蔬菜、(5) 面包、(6) 电视、(7) 袜子、(8) 水果、(9) 豆腐、(10) 圆珠笔(答题时间10分钟)。

这类考试一般会有严格的时间限制，而且判断题居多，也许是受到高考试题的影响。养成在有限的时间内解出判断题的能力不等于学习能力——自主思考能力——的提高。因为判断题的题目占了一半以上，所以考生没有多余时间慢慢思考。而且很遗憾，没什么人注意到判断题会妨碍独创性的培养。

上述题目不是原封不动地摘自试题集，而是我模仿试题集出的题目。浏览社会课的试题集时，我发现每道题只给出一个参考答案，然而类似社会课这种涉及复杂现象的题目不应该只有一个标准答案。既然标准答案只有一个，那么这个答案必须与一般日本人的家庭情况相吻合。所以上述题目的正确答案为(2)、(3)、(6)、(7)。不过应该也有个别妈妈很传统，基本不买面包，那她的孩子肯定会圈出(5)。如果这位妈妈特别重视教育，不知道她会不会告诉自己的孩子："虽然我们家不买面包，不过如果考试碰到这类题目的话，千万不能选面包。"我偶尔会听到一些家长抱怨社会课考试，明明孩子回答正确却被判错。学校的考试都会确定一个标准答案，与标准答案不符就算错。有时也会听到答错的孩子委屈地说："老师们把正确答案藏起来了，好狡猾哦。"

表 1　小学课程及其周学时数

昭和 55 年（1980 年）~

年　级	1	2	3	4	5	6
语　文	8	8	8	8	6	6
社　会	2	2	3	3	3	3
算　术	4	5	5	5	5	5
自然科学	2	2	3	3	3	3
音　乐	2	2	2	2	2	2
美术手工	2	2	2	2	2	2
家庭生活	—	—	—	—	2	2
体　育	3	3	3	3	3	3
思想品德	1	1	1	1	1	1
课外活动	1	1	1	2	2	2
共　计	25	26	28	29	29	29

备注：1 单位学时等于 45 分钟

大正 8 年（1919 年）~ 昭和 15 年（1940 年）

年　级	1	2	3	4	5	6
修　身	2	2	2	2	2	2
语　文	10	12	12	12	9	9
算　术	5	5	6	6	4	4
日本历史	—	—	—	—	2	2
地　理	—	—	—	—	2	2
理　科	—	—	—	2	2	2
美　术	—	—	1	1	男 2 女 1	男 2 女 1
音　乐 体　育	} 4	4	1 3	1 3	2 3	2 3
缝　纫	—	—	—	女 2	女 3	女 3
共　计	21	23	25	男 27 女 29	男 28 女 30	男 28 女 30

备注：1）没有规定 1 单位学时

2）除上述课程以外，规定允许开设“手工”课

表1指的是1919年到1940年期间和1980年以后开设的小学课程及其周学时数。据表1显示，我上小学时一年级语文的周学时是10学时，二年级到四年级增加至12学时。然后除了修身、音乐和体育以外，二年级到四年级只需要上语文和算术，美术从三年级开始，自然科学从四年级开始，相当于现在社会课的历史和地理从五年级才开始上。首先确保充裕的时间学习基础课程即语文和算术，自然科学、历史、地理等课程在达到适龄期后才开始学习。从课程的学时分配中就能看出，当时教育的基本方针完全符合上述原则。而且，在基础课程中特别重视语文。一年级到四年级的课时总数达到每周46学时，大概是现在课时总数（每周32学时）的1.5倍。可以想象当时小学五年级学生的语文水平已经相当高了。

碰巧我手上有一本1913年出版的小学五年级读物。据说曾经有一段时间三到四年级的语文学时达到了每周14学时，从这本读物的文字也能感受到当时小学五年级学生的语文水平有多高。引用部分内容如下：

通晓古今之人在目睹古道今日荒凉，遥想其往日繁华之时，必定感叹世事无常。他们不知自然环境的变化比这更大。很久以前，历来旅客众多的箱根站和近来游人如云的箱根七汤曾经都是可怕的活火山。

虽然日本遍布风景名胜，不过同时拥有人工美和自然美的大概就是日光了。日光一年四季游人络绎不绝，其中盛夏时节和赏枫之秋最多。外国人来日本时必到此一游，无不赞不绝口。

春雨绵绵，房檐滴下的雨声不绝于耳。一场春雨，百花争艳。寂静中，“红白花开烟雨中”的景象分外美丽。然而春雨过后花落一地，让人无限感伤。雨过天晴的早晨，春风拂面，花香扑鼻，我内心雀跃，仿佛蝴蝶展翅。

连日暴雨让我担心河边附近的居民情况，据今日报纸报道，当地洪水泛滥，而且死伤不少。老人小孩都十分关心事故进展，希望大家都平安无事。先且慰问，不尽欲言。

现在的初等教育缺乏一个能够统一管理所有课程的全局性基本方针，各门课程忽视原则，争先恐后地开展教学。现在的小学从一年级开始开设社会课，其实最好是与以前一样，等到五年级语文水平提高后再上社会课的话，效率更高、历时更短、内容更丰富。而且只需要两周时间就能学完现在一年级的教学内容，自然科学的情况也一样。

我无法理解，明明到了适龄期就能轻松掌握的知识，为什么非要吃力地从一年级开始学。现在的义务教育到初中为止，因此小学和初中采用连贯式教学，从小学五年级开始学习社会课和自然科学并不晚，所以完全不用担心。再来，日本人的平均寿命与以前相比延长了20年以上，我不明白如此着急到底是为什么、为了谁？

初中的教学原则与小学相同，同样可以将教学内容分成(A)(B)(C)三类。初中阶段的基础课程是语文、数学，还有英语。虽然英语是选修课程，但其教学内容属于(A)的范畴，因此将其归为基础课程。我认为基础课程和选修课程并不矛盾。表2指的是公立初中各门课程的周学时数，可以发现基础课程的学时数过于偏少。基础课程的能力培养需要花时间反复练习，特别是英语。一般初中开始才会开设英语课，每周学习 3 ~ 4 个学时完全不够，所以家长让孩子上补习班也是情有可原。据说私立名校的语文、数学、英语学时数基本达到每周 6 ~ 7 学时。对于基础课程，由税收维持运营的公立初中竟然比私立初中还疏于教学。

表 2　公立初中每门课程的周学时数

年　级	1	2	3
语　文	5	4	4
数　学	3	4	4
英　语	3	3	4
社　会	4	4	4
自然科学	3	3	4
技术、家庭生活	2	2	3

在初中自然科学指导纲领规定的教学内容中，其中的一部分内容对于初中生来说为时尚早，例如运动与能量的关系：

- 物体不受力，运动状态一定不改变。
- 自由落体运动的速度与时间成正比。
- 引力的位移能量与物体的高度和质量有关。
- 物体运动中的能量与质量和速度有关。

而且要求学生掌握其应用，通过实验发现自由落体运动的规律，对数学公式不作要求。对于物体运动中的能量只需定性分析，不要求掌握公式。总而言之，即不导入数学公式讲解牛顿力学，这简直不切实际。牛顿力学是理论物理学的经典内容，其精髓在于用公式表示运动中的各种现象。如果在教学中拆开牛顿力学与数学公式，那么理论物理学只能沦为死记硬背的对象。我要对按照上述无理要求撰写自然科学教材的老师们致以敬意，不过最好还是升入高中后，而且是在学习必要的数学知识后再开始学习牛顿力学。

高中阶段的教学原则不变，即一是教学应遵循合理顺序，二是教学存在适龄期。不过高中还分成工业高中、商业高中等，教学课程繁多、教学情况复杂，因此在此不做过多说明。

简而言之，现在的初等、中等教育忽视原则，太早开设过多的课程。各门课程争先恐后地开展教学，仿佛在扩张自己的势力范围。因此理论性课程沦为背诵的对象，学生忙着背诵课上学到的知识，结果牺牲了自主思考的时间。为了提高学生的学习能力，培养他们的创新能力，我们应该重新修改教学方针，首先保证学生有充裕的时间学习基础课程，等他们到了适龄期再慢慢学习其他课程。因此当务之急必须从全局出发，确立一个统一管理所有课程的基本方针。如果无法确立基本方针的话，那么学生的学习能力将会持续下降，日本在科学技术领域的竞争力将不敌其他国家，经济将会停滞不前，日本的繁荣也将走向终点。

最后我想再补充两三点，孩子生性千差万别，无法揣度。我们在发扬孩子个性、培养孩子创新能力时，必须承认他们的能力存在个人差异，需要因材施教。每个人的能力存在个人差异这种想法经常会被人误解成歧视和不公，不过不承认差异存在才是不公平的表现。例如拳击比赛分成重量级和轻量级，让重量级选手对抗轻量级选手才叫作不公平。人的身高天生就存在高矮不一，人脑构成如此复杂，存在差异也是理所当然。现在日本的教育制度千篇一律，过于死板，因此需要制定更加灵活的教育制度。例如我们可以采取以下策略。

○每门课程都按能力分班上课。例如某学生在A班上语文课、C班上数学课，另一名学生在C班上语文课、A班上数学课。这样一来，按能力分班不公平的主张就站不住脚了。

○允许跳级。在以前，小学五年级能直接上初中，初中四年级能直接上高中，现在的教育制度连这个自由也剥夺了。

○另外，要考虑具有特长的学生的情况。这里所说的特长不仅限于学习，还包括音乐、绘画等各种才能。

高考严格要求在规定时间内解答以判断题为主的考题，这对初等、中等教学造成的影响不可估量。我曾经参加过旧制高中的入学考试和高考，都不是以判断题为主，答题时间也很充裕。下面引用一篇英语试题，帮助读者了解现在的考试情况。

请选择一个最恰当的词语填入下列空格中。

It is impossible to be happy without activity, but it is also impossible to be happy if the activity is excessive or of a repulsive kind.Activity is agreeable when it is directed very obviously (1) a desired end and is not (2) itself contrary to impulse.A dog will pursue rabbits to the point of complete exhaustion and (3) happy all (4) time, but if you put the dog on a treadmill and (5) him a good dinner after (6) hour he would not be happy till he got the dinner, because he would not have been engaged in a natural activity. One of the difficulties of our time is that, in a complex society, (7) of the things that have to be done have the naturalness of hunting. The consequence is that most people, in a technically community, have to find their happiness (8) the work by which they make their living.

（注）treadmill 踏车（以前在监狱里会让囚犯踩踏车）

a an at be beyond few for gave give his in

is many most of outside some the to

（出题学校）大分大学、京都教育大学、藤女子大学

（原仙作著，中原道喜修订，英语标准问题精讲，旺文社出版）

以前的应试教育是学问层面上的学习。例如应试教育下学习数学先要学习数学知识，只要掌握数学知识，便能解答数学试题。除了统一初试以外，数学试题虽然不都是判断题，但不知从何时开始题型就固定下来了。等有机会我再来谈谈此事的原委，所以，能够解答这种题型并且考上大学数学系的学生却不一定了解数学，这是一种十分奇怪的现象。前几天我让数学系一年级新生填了一份问卷调查，其中有一道问题是："听不懂上课内容，为什么自己不努力思考将其彻底弄懂呢?"巧合的是，其中有个学生回答说："我认为，在上大学以前我们在课堂上都很被动，即使不理解也能解出题目，因此还没有习惯自主思考。"我不禁感叹，这个回答恰巧说明了现在的

应试教育已经不等同于学问层面上的学习了。

同样，英语也是如此。解答上述考题的能力不等同于理解英语文章的能力。

应试教育受高考影响，已经沦为练习解题技巧的工具，这也是大学生学习能力水平降低的另一个原因。我认为，只有高考取消严格的时间限制，并且修改以判断题为主的题型，将考试范围改成以基础课程为主，那么应试教育将变成学问层面上的学习，教育体系也才会从小学教育开始彻底改变。因此，首先应该废除以判断题为主的统一初试。我想，这是教育改革的第一步。

（《科学》1984 年 1 月刊）

补充部分

我在文中指出各门课程的设置忽视原则，学校争先恐后地开设这些课程，让我怀疑如此着急究竟是为什么以及为了谁？前几天，我在“数学教育大会”上围绕上述两个疑问发表演讲，题目叫作“为何如此着急”。主要内容如下：

抛去所有先入为主的观念来直面事实，本身就是一件困难的事，涉及教育问题更是难上加难。我们曾经都是孩子，然而我们却不了解孩子。正因为不了解，所以我们总是认为“孩子是小大人”，即“孩子拥有与大人相同的能力，只不过是缩小版而已”。想必正是受到“孩子是小大人”的观念影响，我们才着急向孩子传授各种能力和知识。

只要认真观察孩子，就能发现孩子并不是“小大人”。例如带孩子移居美国，你会发现 5 ~ 6 岁的小孩只需一年时间就能掌握流利的英语，大人即便花上 10 年时间也不一定能做到。孩子在语言学习方面的能力，大人完全是望尘莫及。

再例如前年非常流行的魔方。魔方对于大人来说也很难，不过小学生在看电视的同时就能轻松解决这种难题。如果问他们是如何解决的话，他们会告诉你其实很简单，只要记住魔方的所有模式就行，也就是说在脑中记住转动魔方时模式如何变化。原来如此，如果记住了所有模式，那当然可以轻松玩转魔方。不过对大人来说，基本上不具备这种无理由的记忆能力，但小孩子就有这种神奇的记忆能力。

孩子不是小大人，而是与大人完全不同的存在。如果用图 1 表示小大人的话，那么真正的孩子则是图 2。如图 2 所示，教育应该充分考虑孩子的能力，而当代教育深受“孩子是小大人”的观念影响，这方面做得完全不够。

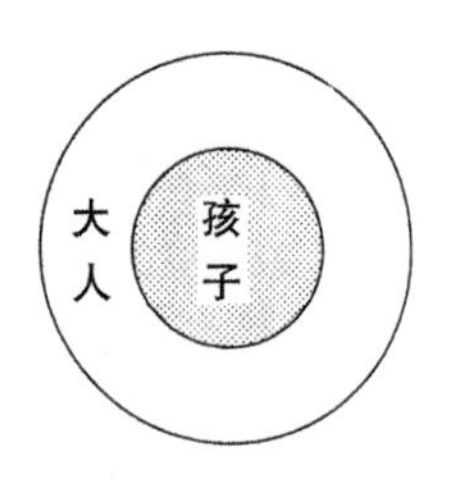

图 1

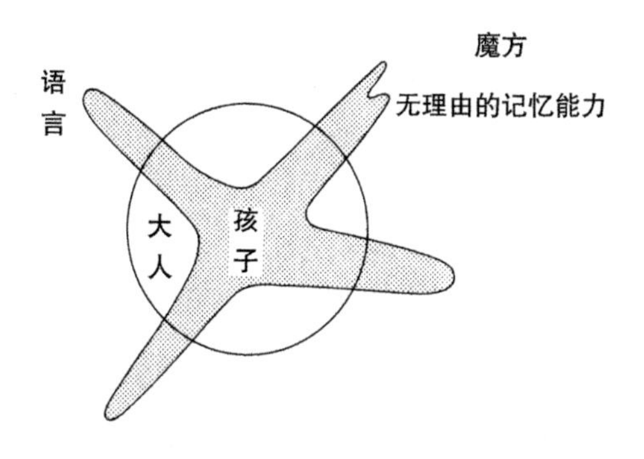

图 2

当代教育深受“孩子是小大人”的观念影响，例如根据小学音乐课的指导纲领要求，从一年级起音乐课的教学内容分成表演和欣赏两种，甚至还指定了欣赏的曲目，例如四年级的欣赏曲目中包括莫扎特第一圆号协奏曲。音乐欣赏是大人的行为，如果一名调皮的四年级男生某一天突然安静地坐在立体音响前欣赏第一圆号协奏曲，我们一定会担心这个男生脑子不正常。

我在文章中也提到过，以前的小学除了思想品德、音乐、体育以外，一二年级只有语文和算术，美术从三年级开始，自然科学从四年开始，历史和地理从五年级开始上课。小学一年级的语文周学时为 10 学时，二年级到四年级增至 12 学时。周学时数表明，当时的教育态度就是趁着孩子语言学习能力比较强时留出充裕的时间让他认真学习语文。相比而言，现在的小学从一年级开始每周有 2 学时画画、自然科学和社会课，语文的教学时间缩短为每周 8 学时。“孩子是小大人”的观念潜移默化中扎根人心，把大人所知的常识压缩后教给孩子正是受到这个观念的影响。

关于数学教育，我努力回忆了在旧制初中、高中、大学时学过的内容，将印象深刻的知识点制成表格后，与现在学校的教学内容进行对比（请参照下一页的对比图）。微分从旧制高中的二年级开始，积分从三年级开始学，而现在的高中从二年级的基础分析课就开始涉及微积分了。从年龄上来看，旧制高中的二年级相当于是现在的大学一年级，现在的高二相当于是旧制初中的五年级。立体几何是从旧制初中五年级开始，现在是初二开始学。含有一个未知数 x 的一元一次方程是从旧制初中二年级的代数课开始，而现在是从小学五年级就开始学。

综上所述，现在的数学教育比以前更加急切地讲解各种数学知识。不过在现在的数学教材中，平面几何知识却早已不见踪影。

我已经在文章中指出“急切式”教育的弊端，数学教育亦同。作为基础分析的微积分实际上处理的是用多项式表示的函数，初三的统计只不过是学它的皮毛而已。我认为着急开设这类课程只会浪费时间和精力。

话说回来，“急切式”教育又有什么优点呢？现在的“急切式”教育真的比以前的缓慢教育先进吗？以前有很多人因为各种原因无法接受小学教育，长大以后很难掌握读写能力。不能上学的确是一件遗憾的事情，因此他们一心想让自己的孩子接受教育。如果“急切式”教育真的比缓慢教育先进，那么我们应该会萌生类似“好遗憾小学一年级没有社会课”或者“初中没学统计，现在不知如何是好”的想法。事实上，我们从来不会这样想，也从来没有听说别人有这样的想法。总之，我们没发现“急切式”教育有什么优点。

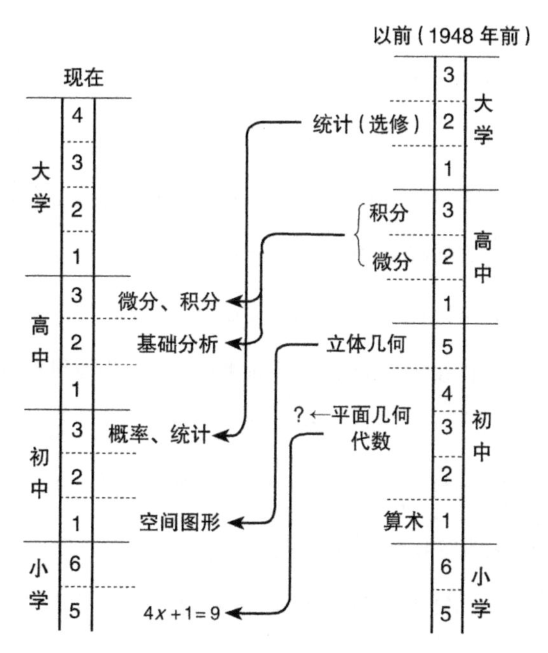

获得诺贝尔奖的汤川秀树教授、朝永振一郎教授、江崎玲于奈教授、福井谦一教授等诸位学者都是旧制大学的毕业生，当然，我们不能用诺贝尔奖来衡量学问业绩，不过如果新的“急切式”教育真的比旧的缓慢教育先进的话，按理说在新教育制度下的大学毕业生中会涌现出更多的诺贝尔奖获得者，但是目前还没出现。

当代教育的“急切”倾向同样反映在考试形式上。不管是校内考试还是入学考试，以前的考试很少会有判断题，所以能提供充足的时间让学生认真思考。现在从小学开始，考试形式多趋向于以判断题为主，而且题目数量偏多，时间限制严格。最近这种现象愈演愈烈。下面引用去年（昭和 60 年，1985 年）开成中学入学考试中的数学试题卷。

考试的答题时间为 50 分钟，共六大题。因为是初中的入学考试题，所以考试对象是小学六年级学生。第一题是计算题，第二题到第六题的难度都很大。我试着拼命解题，最终还是无法在 50 分钟内完成。参加这类考试，仅仅在学校认真学习的话还远远不够，必须去补习班练习如何解题才行。虽然我没有去补习班参观他们如何训练学生解题，不过我猜他们应该先是研究考试的题型，然后教学生解题技巧和应试技巧。等到学生参加考试时，首先要判断是否能解这道题，如果可以瞬间就能完成这道题，不行的话就直接放弃，把时间留给其他题目。不然的话，堂堂学者都无法解决的题目，小学生怎么可能在规定时间内轻松完成。

小孩子头脑灵活，只要教他们不同题型的解题技巧，就能解出下面的试题。这好比是教猴子学艺，至于小孩子有没有养成自主思考的能力，我对此表示怀疑。如果小孩子仅仅靠着自己在学校学到的知识，在规定的时间内想出解题方法，那实在很了不起。当他长大成为大学生时，应该会发挥出超高的学习能力。不过从大学生的学习能力逐年降低来看，现在的小学生在解题时不是通过自己思考，而是判断题型后照葫芦画瓢。

我在文章中也提到过，不知从何时开始高考的数学考试题型就固定下来了，能够解答这种题型并且考上大学的数学系学生，并不一定了解数学。我在面试“推荐免试生”的过程中才发现高考的数学考试题型是固定的，当时参加面试的十个人中竟然有九个人不知道微分系数的定义。因为高考不会出现类似“解释微分系数的定义”的题目，所以他们没有去记。尽管如此，他们却能用微分来解答类似“求出下列函数的最大值和最小值”的题目，显然是用技巧和套路解题。

1. 完成下列计算。

（1）$2\div\left(2-\frac{1}{3}\right)\times0.25-0.625\div2\frac{1}{2}$

（2）$1.1\times1\frac{13}{33}-\left(2\frac{3}{7}-1\frac{4}{5}\right)$

2. 分配笔记本，如果每人 7 本，则多出 28 本。如果每人 10 本，则最后一个人分到的笔记本不到其他人的一半。请求出笔记本的数量和人数。

3. T 和 K 同时从 A 地出发，经过 B 地前往 C 地。T 的速度是 4 km/h，K 从 A 地到 B 地的速度是 3 km/h，B 地到 C 地是 6 km/h，二人在到达 B 地前各休息一次，休息时间为 1 小时。

10 km　10 km
A 地点　B 地点　C 地点

（1）请问出发几小时后，T 和 K 分别到达 C 地？

（2）T 休息 20 分钟后被 K 超过。请问 T 在离 A 地几千米时开始休息？

（3）K 休息 20 分钟后被 T 超过。请在下列图标中画出 T 和

K 从 A 地出发到达 C 地时所用时间与行走距离的关系。

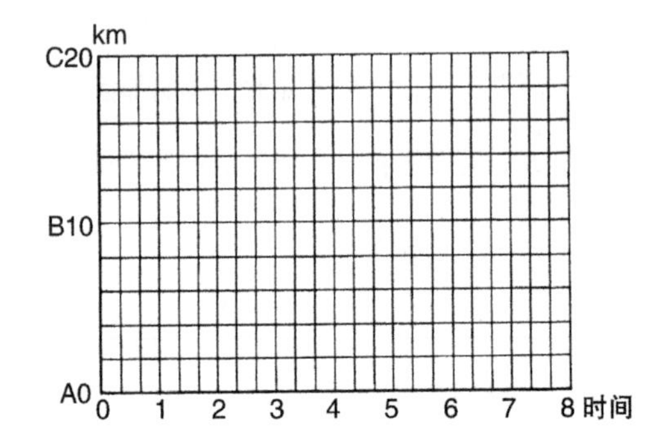

（4）请求出二人相距最远时的距离以及距离最远时 T 所在的地点。

4. 壁虎在任何斜面上都运动自如、不会打滑。三角锥 O–ABC 由四个边长 2 m 的正三角形组成，将其固定在一个平面上。在壁虎身上绑一根 2 m 的绳子，将绳子的另一端固定在 A 点。（忽略壁虎身上的绳子长度和壁虎的身长）

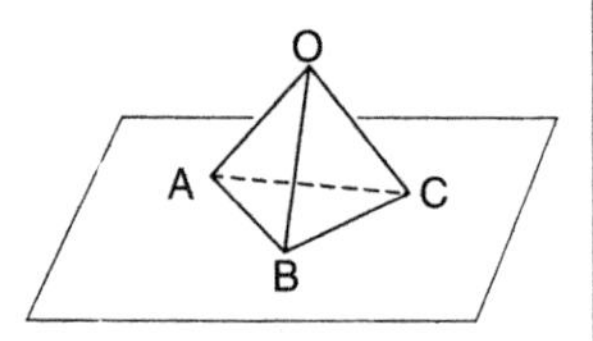

（1）请在右图的展开图中用斜线标出壁虎在三角锥表面能够移动的范围。

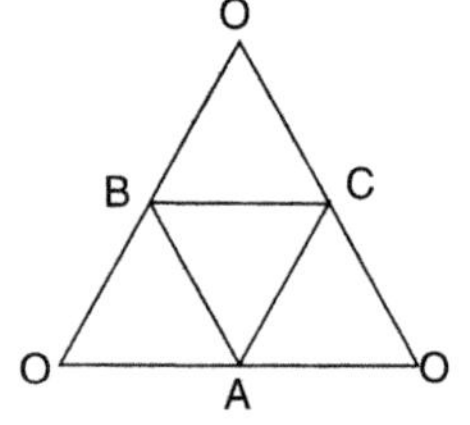

（2）请求出壁虎移动范围的面积之和，四舍五入后取小数点后两位。圆周率取 3.14。

5. 已知一个直角三角形 ABC，角 A 为直角，AB、BC、CA 的长度分别为 4 cm，5 cm，3 cm。在 AB 上取点 D，CA 上取点 E，

AD、CE 长度均为 1 cm。BE、CD 的交点为 F，三角形 EFC 的面积为 1/5 cm^2。请分别求出下列三角形的面积以及边长的长度之比。

(1) 四边形 ADFED 的面积。

(2) 三角形 DBF 的面积。

(3) DF:FC。

(4) BF:FE。

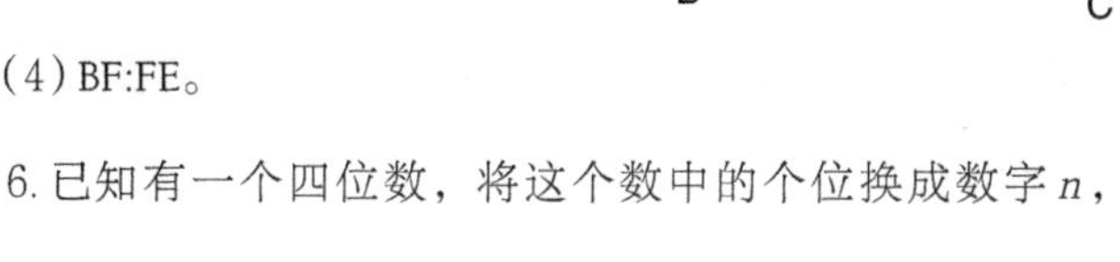

6. 已知有一个四位数，将这个数中的个位换成数字 n，得到一个新的数字。n 能被新数字除尽时，将商表示为ⓝ，⑤ = ⑥ +42。

(1) 请求出⑥的值。

(2) 请求出⑦的值。

(3) 在②，③，……，⑨中共有几个数，其每位数的数字之和等于 10。

综上所述，我并不赞同现在“急切式”教育比以前的缓慢教育先进。那么的话，到底是为什么、为了谁而如此着急？很明显，这不是为了孩子。另外，好像着急的也不是教育学家们。现在的日本教育界生性“急切”，其他都是受这种性格影响。关于这点，我想向熟知教育界的人请教一下他的看法。

教育的“急切”现象愈演愈烈，因此学生依赖解题技巧的倾向也越来越重，不断丧失自主思考的能力。如何培养学生的自主思考能力？看来只能改变“急切”趋势，回归缓慢教育。

但是，也许这是不可能的事情。回顾过去70年的发展情况，教育一直朝着“急切式教学”方向倾斜，只不过近几年比较明显而已。例如，在我小的时候，很少有孩子上幼儿园，也不知道从什么时候开始所有孩子都开始上幼儿园。以前在初中、高中或者大学时也没有听谁说“那个人上过幼儿园，所以表现特别好”。因此我认为，现在所有孩子上幼儿园并不是为了帮助教育，而是受到教育界“急切”本性的影响。

生物经常因为在一个方面进化过度而走向灭亡。例如爱尔兰麋鹿（Irish elk），据说它因为鹿角过于巨大而灭亡。大鹿角在雄鹿之间的对抗中起着压制对手的作用，因此鹿角越大的雄鹿，其子孙越多，鹿角也越变越大。在一万几千年前的间冰期，从欧洲大陆移居爱尔兰的爱尔兰麋鹿在树木稀少的广阔草原上繁衍。不过在下一个冰期结束后，森林复苏，大鹿角反而变得碍事，爱尔兰麋鹿也因此而灭绝[1]。换言之，虽然大鹿角在短时间内有助于同类之间的对抗，不过从长远来看却不利于适应环境的变化，这也是爱尔兰麋鹿灭绝的原因。

也许“急切式”教育在短时间内对入学考试有帮助，不过从长远来看可能会导致自主思考能力降低，造成日本文明的衰退。当然，我希望这不过是杞人忧天而已。

---

1 **S. J. Gould**：*Ever Since Darwin*，**1977**，《达尔文大震撼》，浦本昌纪、寺田鸿译，早川书房，**1984**年，参照第**9**章。

对“新数学”运动的批判

最近，让小孩子学习集合论等抽象数学的热潮在全世界范围悄然兴起。当然，“新数学”运动的出现固然存在相应原因，不过所有事物既存在优点，又存在缺点。接下来我来谈一谈“新数学”运动的缺点。

差不多距今10年前，“新数学”运动刚刚兴起时，恰巧我的大女儿在美国不幸被编入了使用SMSG（School Mathematics Study Group）教材的教育实验年级，虽然我不愿意，但是不得不帮助辅导大女儿的集合论课程作业。后来美国的数学教材中或多或少都会引入“新数学”运动，因此我一直为“新数学”运动而烦恼。最近，随着小女儿升入大学，我也终于从她们的作业中得到解放。因此，我与“新数学”运动的关系就像是被作业折磨的初中生，刚好也能亲身了解到“新数学”运动的缺点。

首先是关于集合论，因为小孩子无法理解无限集合，所以教学主要围绕有限集合。例如告诉她们假设在｛｝形状的括弧中画着马、鹿和猪，另一个｛｝中画着猪和狗，如果这2个｛｝之间用符号∩连接的话，那么答案就是｛猪｝。如果第2个｛｝中画的是鸟和狗的话，那么答案就是∅。她们刚开始怎么也理解不了，不过告诉她们把它想成一个游戏的话，比“二、十、J”（Two Ten Jack）简单多了，到时候她们就会说“明白了，这算不了什么”，并且掌握了做相同类型题目的技巧。同时，她们会认为数学是一门奇怪的学科，总是喜欢把无聊的内容复杂化。甚至还会鄙视大学的数学老师，说他们好像是装作了不起的样子在从事无聊的研究。

小孩子到底有没有理解集合的概念？这非常难说。我曾经听说有一个孩子说：“我和我哥哥不是集合，因为我们周围没有括弧。”即便是掌握了集合的“一一对应”，小孩子对数学的印象终究还是有种高高在上的感觉。

现代数学深受集合论的影响，虽说集合论是数学的基础，不过我们不要忘记，集合论出现于 19 世纪末期，而在集合论出现的两千年前，数学早已存在。特别是高中阶段的数学，在集合论出现以前高中数学已经非常完善。生物是进步发展的典型代表，正如生物的“个体出现重复着系统进化”，数学教育同样应该遵循历史发展的顺序。在现代数学中集合是最基本的概念，不过理论上的基本概念和对于小孩子来说的初级概念并不相同。反而对小孩子来说，历史上早出现的概念大概更容易理解。我认为，集合论出现于 19 世纪末期之后已经说明了集合绝不是初级概念。也许数学家认为集合是简单易懂的概念，不过这是他们多年专业训练的结果。如果忽视这一点，直接告诉小孩子数数行为其实是基于集合的“一一对应”，小孩子其实是很难理解的。

另外，集合论的出现原本是为了思考无限集合，并不是先存在有限集合的集合论，再发展成无限集合的集合论。引进“一一对应”

的概念也是为了比较两个无限集合的大小。只要对一对原有的数字，就能比较有限集合的大小，完全没有必要提出“一一对应”概念。如何理解“一一对应”是一个重要的概念呢？首先必须证明实际上存在两个不一一对应的无限集合，例如利用康托尔的对角线论证法理解整个实数集合是非可算的集合（大于整个自然数集合）。总而言之，除非能理解康托尔的对角线论证法，否则无法明白集合论的意义。所以在集合论的教学过程中，必须要遵循历史发展的顺序，从康托尔的对角线论证法开始讲解才行。

如此看来，我大概能理解为什么教小孩子有限集合的集合论知识，反而会使他们鄙视数学。现在的教育忽视了历史发展的顺序，人为地将有限集合论从集合论中分离出来，将其加入初等数学的内容中。正因为内容上不存在必然性，因此孩子们不知道为什么要学习集合论。这只是把无聊的内容复杂化而已，毫无任何用处可言。孩子们因此鄙视数学也是理所当然。

接下来是关于数学的形式公理主义，形式公理主义构成了现代数学的中心思想。就其所示，数学的各个理论体系由公理构成，即从若干公理中推导出所有理论。而且公理是作为理论前提所假设的命题，只要相互之间不矛盾，就可以任意选择。换言之，任意选择若干命题作为公理，然后从理论上依次推导出命题，只要这些命题之间不存在矛盾，就能构成一个数学理论体系。传统的欧几里得几何学是公理构成理论体系的典型代表，其公理是“自明之理”，而不是作为理论前提所假设的任意命题。现代数学的形式公理主义建立于 20 世纪，晚于集合论的出现。

根据形式公理主义，公理是作为理论前提所假设的任意命题。不过，我认为这只是现代数学的幌子。实际上，公理不是任意命题，即便不是“自明之理”，也是趋近于“自明之理”的存在。如果把数学比喻成游戏，那么公理就相当于游戏的规则。如果游戏很无趣，那么游戏规则就没有意义。我所知道的有意义的游戏规则最多不过几百种，例如围棋、将棋、国际象棋等。任意选择的游戏规则并没有意义。同样，数学的公理系统必须要具备能推导出有趣理论体系的创造力。只要数学家尝试去发现新的公理系统，他们就了解任意选择的公理系统不具备创造力。具备创造力的公理系统有一种共性，即具有“自明之理”的特质。

在我小的时候，初中数学只包括代数和几何，几何指的是传统的欧几里得几何学。当时的初中生从欧几里得几何学中学会了思考公理构成的能力。然而，我在美国接触到的“新数学”运动教材却教学生如何以代数演算作为材料思考形式公理主义。也就是说，从代数演算的各项法则中抽出一部分法则看作公理，接着再从中推导出剩余部分的法则，例如假设 $ab=ba$ 和 $a(b+c)=ab+ac$ 来证明 $(b+c)a=ba+ca$。这对孩子而言，是把无聊内容复杂化的表现。根据 20 世纪的思考方式，$ab=ba$ 和 $a(b+c)=ab+ac$ 属于公理，$(b+c)a=ba+ca$ 属于定理，这对于只学过 18 世纪数学的孩子们来说当然难以理解。除非了解同时含有一般公理系统和特殊公理系统的体系，例如非欧几里得几何学、非结合代数等，否则就无法理解公理系统作为任意前提的意义。即便成功用不证自明的 $a(b+c)=ab+ac$ 证明了同样不证自明的 $(b+c)a=ba+ca$，孩子们也不会有敬佩之意。反而应该从欧几里得几何学中的不证自明公理出发，依次证明复杂的非不证自明定理，孩子们才能明白公理构成的意义。从历史发展顺序来看，欧几里得几何学是最初级的数学，也是小孩子最易懂的数学。而且，在 18 世纪乃至更早以前，欧几里得几何学是唯一一个由公理构成的理论体系。因此，我认为欧几里得几何学是帮助孩子思考公理构成最合适的教材。

也许这只是我的偏见，“新数学”运动的教材主要面向的对象是数学家脑中的孩子，或者说公理化的孩子，而不是现实中的孩子。在孩子们看来，数学的难易度取决于历史发展顺序，而不是逻辑顺序。我小时候接受的数学教育遵循历史发展的自然顺序，因此我能轻松理解集合论等抽象数学。不管是对孩子来说还是对老师来说，忽视历史发展的顺序提前学习抽象数学，只会造成时间和精力的浪费。

（《科学》1968 年 10 月刊）

什么扭曲了数学教育

对日本文部省判断力的质疑

十几年前，以美国的 SMSG 为开端的数学教育现代化席卷全世界，甚至连日本的小学都开始讲解集合的知识。据说苏联抢先成功发射人造卫星，美国受此刺激成立了 SMSG，不过最近这股流行开始有消退之势。SMSG 由数学家和第一线的教师组成，他们探索研究新的数学教育模式，还独立出版了相关教材。尽管如此，这本身就是一个奇怪的现象。像数学这样的基础学科竟然会在初等教育阶段引发流行现象，实在好笑。

最近数十年，数学发展势头迅猛，当然有必要改善数学教育的状况。与我还是学生时的 40 年前相比，现在大学的数学教育完全脱胎换骨，除了两三本经典著作之外，当时的教材早已不见踪影。

不过，除非存在致命的缺陷，否则并没有必要修改初中阶段的数学教育。因为国外流行，所以日本也要紧跟潮流，这简直是无稽之谈。SMSG 刚刚兴起时，恰巧我的大女儿在美国普林斯顿的初中上学，而且不幸被编入了使用 SMSG 教材的教育实验年级，因此我被迫去帮助辅导大女儿做一些莫名其妙的作业。正因为如此，我才切身感受到 SMSG 的愚蠢。

SMSG 的教材非常古怪，包括巴比伦的六十进位法、古埃及的莲花形数字、哥尼斯堡七桥问题等各种各样奇怪的故事。我的大女儿到现在还记恨 SMSG，因为 SMSG 害她变成一个不会计算数字的人。在医学领域，把患者当作实验材料是非常严重的问题，那么 SMSG 的教育实验与活体实验一样性质恶劣。因为教育实验就是以人脑为对象的活体实验，只不过因肉眼看不到伤痕而不了了之。

对我的大女儿而言，即便肉眼无法观测，但也确实留下了不会计算数字这个明显的缺陷。后来，她学习的巴比伦的六十进位法和古埃及的莲花形数字早已忘到九霄云外，所以 SMSG 没带来任何好处。数学教育的现代化还处于实验阶段，目前成果不详。在这种情况下，日本文部省竟然强制要求全国的小学、初中、高中根据指导纲领和鉴定考试推行数学教育的现代化理念，我严重怀疑日本文部省的判断能力。

新药在经过谨慎的动物实验以及得到结果前决不允许投入使用，而且一旦出现一丝有害的可能性，媒体就会大肆报道。然而被称作数学教育现代化的新教育明明还无法预测其成果，却只因为国外流行而强制要求在国内推行。尽管已经出现流毒于世的端倪，媒体为什么却保持沉默？

感觉上的形象

一般认为，现代数学的基础是集合论，因此数学教育应该从集合开始。数学教育的现代化正是基于上述想法发展起来的。不过此处需要注意基础的含义。之所以说现代数学的基础是集合论，是因为我们在分析数学结构时发现，数学的研究对象都是构成该对象的要素集合。好比我们在分析物质时发现所有物质都是由基本粒子构成的。

例如，我们数学家在研究微分几何中的平面曲线，定义曲线是点的集合（点集）。不过平面曲线绝不是分散的点集，可以将其想象成是纸面上的一条曲线。如果在感觉上对曲线没有形成一种类似的形象，那么很难能够理解微分几何。

在包括微分几何在内的所有数学领域，数学家对其研究的数学对象多少会建立一种感觉上的形象。在某种意义上，没有形象相当于无法理解这个对象，因此这种感觉上的形象远比集合更重要。英国著名的音乐家唐纳德爵士（Sir Donald Touvy）在某大学发表演讲时提到以下内容："如果法律能够禁止'贝多芬的第五交响曲基于由四个音构成的音型'的看法，那么作曲教育和音乐理解将会大大得到改善。虽然旋律作为大局上的音乐对象被分解成不同的音型，但旋律并非源于音型。"

简而言之，第五交响曲之所以是第五交响曲，源于其整个音乐的模式，而不是构成它的音型。在数学领域也是一样，例如曲线被分解成点集，不过曲线之所以是曲线，源于整个曲线的模式，而不是构成这条曲线的点集。我们在理解数学时，必须要从感觉上把握数学研究对象在全局上的模式。进而在理解某个数学领域的理论体系时，必须要从感觉上把握整个体系的模式。

集合是现代数学的基础，这只不过是数学的一个小方面。不幸的是，现代数学无法直观地、严密地表现感觉上的形象。因此只好将曲线定义成满足若干条件的点集。坦白说，集合论只不过是严密表达现代数学的基础而已。数学教育现代化的根本误区在于，将这种意义上的基础误以为是数学教育的基础。从根本上来看，作为分析结果的基础和作为教育出发点的基础完全不同。该逻辑同样适用于物理学，我们在分析物质时发现所有物质都是由基本粒子构成，因此我们会误以为物理教育应该从基本粒子开始。两者的唯一区别是基本粒子理论显然太难，而集合论相对来说比较简单。

忽视历史发展

我认为数学教育应该遵循数学的历史发展顺序展开。生物是进步发展的典型代表，生物个体的出现重复着系统进化，数学教育亦是如此。对于孩子们来说，比起基础逻辑概念，历史上较早出现的概念更容易理解。

如果颠倒顺序先让孩子们接触历史上较迟出现的领域，孩子们基本上不能理解该领域的核心内容，因此最终只涉及非核心的无聊部分。花费大量时间在无聊内容上将会减少重要讲解内容的时间，造成整个数学教育的效率低下。在高中以前的阶段，最好将教学内容控制在从 17 世纪后半期到 18 世纪的微积分学。为了研究无限集合，康托尔在 19 世纪末期建立了集合论。集合论的意义至少要到用对角线论证法能理解“整个实数集合大于整个自然数集合”的程度。

因此，向小学生讲解集合论是一个天大的错误。小学生既没学过对角线论证法，又不知道实数，所以只能接触集合论中最无趣、最可有可无的内容。小学生接触的集合论不难，但是因为是集合论中最无趣的部分，所以即使理解这部分的内容也不一定能理解什么是集合论。我实在不懂为什么学习集合论的小学生和讲解集合论的老师一定要跟如此无趣的内容打交道呢？

除了集合论以外，目前所使用的指导纲领还硬性规定必须引入另外几个忽视历史发展的领域。例如规定初三要学习拓扑学，根据指导纲领的要求，学生需要掌握著名的若尔当曲线定理，即单一闭曲线把平面分成两部分。其原因在于，虽然一般认为若尔当曲线定理很难证明，不过从直观上感觉是不证自明。但是直观上的不证自明也只限于圆周、凸多边形等简单图形，一般情况下都不是不证自明。

贝拉·朱尔兹（Bela Julesz）在《科学》4 月刊上刊登了一篇论文，文中的两幅图（下页）正好戏剧性地证明了上述观点。图中的两条曲线 A 和 B 从直观上看好像位相相同，其实 A 是单一闭合曲线，把平面分成两个部分，而 B 不是单一闭合曲线，把平面分成三个部分。不管是从直观上还是理论上，这个定理都如此复杂，初中生怎么可能理解？也许只要让他们理解类似圆周和凸多边形的简单图形即可，不过仅仅如此不符合指导纲领规定的所谓的拓扑学思考。凸多边形的凸性质是计量上的性质，而不是拓扑学上的性质。显然指导纲领对于该部分的规定是错误的，而且日本文部省丝毫没有想要修改指导纲领的意思，真是令人头疼。

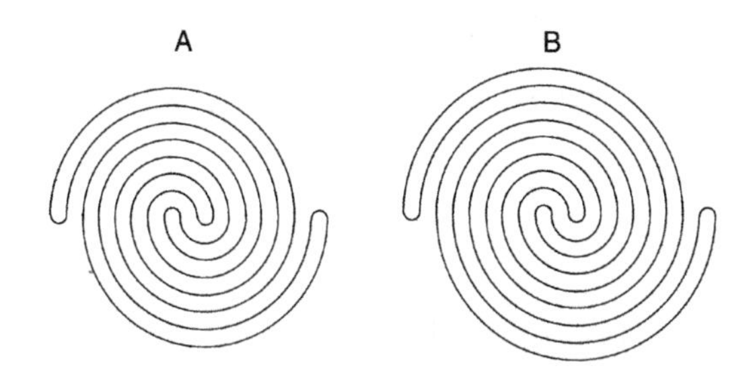

训练计算技巧的重要性

最近流行在初等教育阶段鼓励孩子发挥创意。我曾经就读于府立第五中学（现在的小石川高中），那时候担任校长的是当时最先进的教育家伊藤长七老师，我接受了极大发挥创意的教育，直到现在依然心怀谢意，所以我不是一个顽固的保守主义者。

但是初等教育的第一要义是教孩子学会模仿大人，例如母亲在教幼儿语言时会多次重复相同的词语，教幼儿模仿大人的发音，如果幼儿在这里发挥创意自己随意发明语言的话就麻烦了。这种机械式训练应当是初等教育最重要的部分。

练习钢琴或者小提琴时，最基础的是音阶和琶音。世界上没有比练习音阶和琶音更机械无聊的事情了。但是如果偷懒的话，就无法成为一名合格的钢琴家或小提琴家。最近，整个社会过度注重发挥孩子的创意，提倡让孩子快乐学习，反而忽视最基础的机械式训练。不管是音乐还是绘画，所有技术的掌握都离不开机械式训练。

人们通常认为数学是一门由缜密逻辑构成的学科，即便不是逻辑，也大同小异。在我看来，数学是一门依靠感觉的技术性学科，掌握数学离不开技巧的训练。各个大学的数学系都会开设专题研究讨论课来训练解题，数学中的技巧基本上是计算的技巧，其基础正是小学算术课上学的数字计算。

教数字计算时，必须要让学生理解数字计算的原理，不过仅仅理解原理还远远不够，还要通过练习训练技巧。例如钢琴演奏的原理实际上非常简单，只要用手指按下与音符对应的琴键自然会发出琴声。所有人都知道，按得重时琴声也重，按得轻时琴声也轻。其实，演奏钢琴需要经过多年的技巧性训练，而且还是机械地练习音阶和琶音。

数字计算也是如此，只有重复机械、技巧性的训练，才能做到自由计算。对小学的算术课而言，最重要的是训练数字计算技巧。

计算器导致文明的消亡

听闻日本的小学最近允许小学生使用计算器代替数字计算的练习，他们有意取消数字计算这种机械、无聊的训练，改为讲解更重要的数学思考方式，这实在荒唐。

如果离开计算，哪里会有什么数学思考方式。小学阶段的数字计算是初中计算代数公式和高中计算微积分的基础，在练习计算的过程中自然而然会掌握数学思考方式。公式的计算是数字计算的抽象化产物，如果没有掌握数字计算的话，就无法理解公式的计算。

所有技术，在掌握过程中都存在“理外之理”的神奇之处，例如钢琴或者小提琴演奏最重要的是练习音阶和琶音。这种“理外之理”是古人基于多年经验的智慧结晶，如果出于肤浅的道理想要改变它，那是极其危险的。

自古以来都有读写算盘的说法，读、写以及计算能力是初等教育的基础。除非有明显需要改变的理由，否则听从古人的智慧比较明智。既然计算器能轻松完成数字计算，就没有必要让小学生练习数字计算，这种肤浅的想法太过荒谬。

学习任何事物都有相应的适龄期。众所周知，如果在七八岁以后学习钢琴、小提琴，那么基本不可能演奏得好。计算器的使用方法在孩子长大以后也能马上掌握，而数字计算则必须要在小时候打好基础。让小学生使用计算器代替练习算数将会害他一生都留下缺憾，实在罪孽深重。另外我们要注意如果数字计算不熟练的话，那么人类也没法设计计算器。现在的计算器越来越先进，主要得益于具备熟练数字计算能力之人的智慧。

我们试着想象一下，当日本的所有小学引入计算器，在那之后不会再有人具备熟练的数字计算能力，那么日本的未来又会是一番怎样的光景。因为世界上没有人懂得数字计算，别说设计计算器，甚至都无法修理出了故障的计算器。正如威尔斯《时间机器》所描绘的未来世界一样，未来的人只能靠着前人设计的计算器生活。随着故障计算器数量的增加，经济活动就随之缩小，日本文明最终将走向消亡。在小学阶段引入计算器相当于逼迫人类沦为机器的奴隶。

（《文艺春秋》1975 年 8 月刊）

令人费解的日本数学教育

我是一个除了数学之外什么都不懂的数学家，特别是对经济一无所知。据说，日本经济正在从高速增长转向低速增长。高速增长指的是国内生产总值年增长率超过 10%，低速增长指的是年增长率为 6%左右的经济增长。也就是说，只有年增长率保持在 6%左右，经济才不会陷入不景气的状况。

排除第二次世界大战结束不久的混乱期，假设经济在 1949 年到 1974 年的 25 年间每年的增长率都是 10%，那么总计 $(1.1)^{25}=10.83$ 即经济增长了 10 倍。包括山手线、东海道线等铁路的客运量、机动车数量、石油使用量、报纸页数等在内的所有现状都是 1949 年的 10 倍以上。

如果经济一直保持 6% 的增长率，等我的孙子长到我现在的年纪，即 60 年后的经济发展会有怎样天翻地覆的变化呢？$(1.06)^{60}=32.99$，经济增长相当于现在的 30 倍以上。例如东京－大阪间架设新新干线、新新新干线，增开 30 趟新干线，山手线没办法继续横向扩充，只能开发地下空间，届时地上、地下合计将超过 30

层，每天送来的报纸页数将超过500页。显然上述预想并不合理，因此我们需要把数量上的增长转化成质量上的增长，而这又只能取决于科学技术的进步。科学技术的基础是数学，数学教育对日本产业的将来有着决定性作用。下面我来谈谈日本的数学教育现状。

目前日本的小学、初中、高中教材都按照日本文部省的指导纲领编写，其内容涉及的数学领域偏多，让人感到惊讶。小学阶段涉及集合、概率，初中阶段除了基础代数、几何以外，还包括集合、概率、统计、拓扑学，高中阶段在代数、几何、微积分的基础上增加了矢量、映射、集合、逻辑、矩阵、平面几何的公理结构、概率和统计。如果在有限的时间里接触如此多的数学领域，每个领域的学习只能停留在入门程度，略懂皮毛而已。

例如在小孩子学习音乐时，没人会让他先接触一遍管弦乐队的所有乐器，这样的话不可能学会任何乐器，而且对音乐本身也是一知半解。

再例如小孩子学习外语，我们绝对不会让他同时接触英语、德语、法语、俄语、拉丁语、希伯来语、阿拉伯语等多门语言。

在初等教育阶段的数学教学中涉及较多领域就像是学习所有乐器或者学习多门外语一样愚蠢，不过为什么对于数学却没有人在意这个问题？现在的数学教育中甚至会采用螺旋式教学，例如在小学六年级稍微学习数学某个领域的一部分内容，初二再学一部分，到了高一和高二继续学一部分。这就好比在小学六年级学几周拉丁语，初二再学几周，高一和高二继续学几周，这样的教育方法最没有效率。人学过几周新知识，而且总学时不过几小时的程度，一年后肯定忘得干干净净，按理说制定指导纲领的委员们应该懂得这个道理才对。

除了想要成为数学家的学生以外，对大部分学生而言，小学、初中、高中阶段涉及的多个领域，例如集合、逻辑、拓扑学等知识并没有必要。有人主张因为集合论是现代数学的基础，所以数学教育也应该从集合开始教学，这个所谓的数学教育现代化导致学生必须从小学阶段开始学习集合知识。

实际上“集合论是现代数学的基础”的意思是数学从两千年前发展到现在，在目前这个阶段多年研究集之大成，集合论是分析其结构，记录其体系的基础。然而小孩子学习数学是为了培养其数学能力，因此初等教育阶段的数学教学应该遵循数学的历史发展顺序。对小孩子而言，历史上较早出现的概念比逻辑上的基础概念更简单易懂。到高中结束为止，我们最多学到 17 世纪后半期至 18 世纪产生发展起来的微积分入门知识。集合论于 19 世纪后半期由康托尔建立，目的是为了处理类似整个实数集合这样的无限集合。

即使逆转历史发展顺序教中小学生学习集合，孩子们也理解不了集合论的核心内容，只能接触无趣的非核心部分，也就是集合论的皮毛。这样一来，时间和精力都浪费在皮毛上，最终忽视了真正的数学。

如字面所示，数学是数字的学问，其最重要的基础是数字计算。初等教育阶段最重要的是掌握和训练基本的学习能力，即小时候没有掌握的话长大以后基本学不会的能力，这与长大以后也能轻松掌握的能力有着明显的区别（包括数学在内的整个初等教育貌似遗忘了基本学习能力的重要性。据说有些小学还开设了家庭生活课，要求男生也掌握煎蛋的方法。煎蛋这种事情任何人在长大以后都能学会，完全没有必要在小学教学生如何煎蛋。综上所述，把时间浪费在这些课程上，结果导致基础学习能力水平下降，这个现象实在是令人费解）。

如果在小学阶段没有反复练习数字计算、掌握数字计算方法的话，长大以后就很难能掌握这种能力了。不过集合论是数学家们必须要掌握的常识，一般进入大学后只需听两小时课程就能理解。如此可见，教中小学生学习集合本身就是一个错误。在小学的算术课上，最重要的环节是让学生反复理解和练习数字计算，以培养基本的数学学习能力。

推进数学现代化的，并不是正在小学讲授集合论的老师，而是通过集合指导现代数学思考方式的人。不过数字计算是数学思考能力的基础，如果有人认为存在另一种更高级的数学思考方式，那一定是对数学的本质存在误解。

据说，大概有一成的日本初中生甚至都不会简单的分数加法运算。既然连分数加法运算都不会，即便给他们讲解集合的知识，不管怎么教也都无济于事。如果学习集合有助于培养数学思考方式的话，按理说分数的加法运算应该是小菜一碟。但事实上有一小部分初中生却无法掌握，那么说明数学现代化的想法存在误区。对不是数学家的那部分人来说，集合论没有什么用处，例如现在活跃在第一线的自然科学家、工程师等基本没有学过集合论。

逻辑相当于是数学的语法，我们在多年阅读、撰写文章的过程中，自然而然地掌握了撰写文章时使用的语法，并不是以前在初中语文课上学过的语法。因此，我们可以自由自在地灵活使用。就像不管我们如何努力地学习英语语法，也不一定能自由地撰写英语文章。

数学中的逻辑也是如此，我们数学家在学习数学的过程中自然而然地会掌握逻辑，除非是数理逻辑学的专家，否则就不用重新学习逻辑知识。目前的指导纲领要求在高一讲授逻辑，数学家都不一定要学的知识，为何偏偏要求高中生学习呢？这又是一个令人费解的问题。

初等教育阶段的数学教学并不是为了片面地讲授数学各个领域的知识，而是为了培养数学思考能力和数感。因此最好将教学范围限定在最基础的数学领域，然后开展充分的教学。小学阶段学习数字计算，初中阶段学习代数和几何，高中阶段学习代数、几何和微积分入门，如果学生能熟练地掌握这些知识，那说明初等教育取得巨大的成功。

概率、统计等应用领域的内容，只要在用到时稍加学习就能掌握。到那时，在学习基础领域过程中养成的强韧思考能力远比一知半解的入门知识来得更加有用。给小学生讲授概率的皮毛，简直荒谬。推进数学教学现代化的人，在追随现代数学日新月异的步伐，努力改良数学教育，然而进步的是最前沿的数学研究，数学的基本知识并未发生变化。据我所知，目前从事数学研究的数学家们都反对数学教育的现代化。尽管如此，现代化依然在数学教育界大行其道，实在不可思议。

日本的数学教育从小学阶段开始就混杂各种各样的内容，包括小时候必须要学习的基础领域，长大以后也能掌握的应用领域，以及对数学家来说有用的领域，这种现象十分怪异，令人费解。如此急切地讲授如此多的内容到底是为了什么、为了谁？对于日本，数学是未来科学技术的基础。然而初等教育阶段的数学教学一直保持这副德性的话，不管日本通产省如何努力，日本产业的将来也令人忧心不已。

（《通产专刊》1976年4月刊）

第三章

忆往昔

1935 年，我刚考入东京大学数学系时，数学系的学生人数是 15 人。全系只有 5 个教研组，教授包括高木贞治老师、中川铨吉老师、挂谷宗一老师、竹内端三老师、末纲恕一老师 5 人，副教授包括辻正次老师和弥永昌吉老师，以及讲师和助手各 1 人，分别是田中穰老师和龟谷老师，另外还有负责打杂的大叔大妈各 1 人。当时还没有行政人员，所以龟谷老师还兼任图书管理员。既然没有招聘行政人员，那就说明数学教研室基本没有什么行政工作，老师们看起来也很悠闲。研究生都聚集在一个房间里，也没有开设专门的课程或专题研讨课。而且，学习年限不设限制，也不存在硕士论文和课程博士，学生产生想法的话可以写论文，没有的话可以不写。现在，数学系学生人数增至 45 人，是原来的 3 倍。按理说行政人员原来是 0 人，翻 3 倍后也应该等于 0。奇怪的是，现在也不知道为什么会增加如此多的行政事务。

当年，数学系老师较少导致课程也少。虽然规定了必修课，不过也不会计算学分。我们新生主要上高木贞治老师的微积分学、末纲恕一老师的代数课、中川铨吉老师的几何学等。现在东京大学的“艺术咖啡”原来是理学院的楼，那座楼里有一间相对大一些的教室。因为物理系学生也需要学微积分学，所以我们会一起在那里上高木贞治老师的课，每周4次，从上午11点半开始。物理系学生上午在那间教室有课，就算刚过上午11点进教室，前排的位置也早就被他们占了。高木贞治老师嗓门小，板书的字也小，坐在后排听不清也看不清楚。幸好上课内容跟老师为岩波数学讲座执笔的《解析概论》如出一辙。反而高木贞治老师转身在黑板上写公式时露出的大耳朵至今让我印象深刻。课表上写着微积分学从上午11点上到上午12点，不过高木贞治老师大概在上午11点10分左右进教室，然后直接去休息室坐着，悠闲地喝着茶。虽然他看起来不凶，气场却让人觉得难以靠近。11点半开始上课，上午12点准时下课，整整30分钟。每周4次共计2小时，高木贞治老师在一年内讲完了《解析概论》的所有内容（不包括现行版本中的勒贝格积分），简直不可思议。

微积分学的专题练习课由弥永昌吉老师承担，我已经回忆不起来当时具体做了哪些题目，不过还记得老师站在边上盯着我们笔记本问："会不会做？"岩波讲座出版过弥永昌吉老师的《几何学基础论》。在我进入大学前曾经读过这本书，从作者复杂的名字和看似晦涩的内容来看，原以为弥永昌吉老师非常严肃。实际上弥永昌吉老师个子高挑，十分亲切，长相跟当时红极一时的电影《离别》中的肖邦有些相似。

在代数学的第一节课上，末纲恕一老师在黑板上画了一个大圆，然后又画了两根胡须。这个图形是德语文字，指的是"域"的意思。代数的专题练习课由末纲恕一老师自己任课，非常可怕。如果我们站在

1　中文引进版为《高等微积分》（第3版修订版），人民邮电出版社，2011年。——编者注

黑板前做题时一旦停下笔思考，末纲恕一老师就会凶巴巴地教训我们："磨蹭什么呢?"就算在教室地板上发现一张纸屑，他也会大发脾气。

代数学期末考试那天发生了"二·二六事件"[1]，结果考试临时取消，我们开心地去了上野动物园。不知为什么，后来我们经常去动物园玩。

当时数学还没有现在发达，所以有一些必修课在现在根本无法想象。其中有一门中川铨吉老师的几何学，好像当时老师借给我们每人一本萨蒙（Salmon）的《解析几何》，是一本有点古色古香的书。这本书很厚，差不多有 300 页，内容围绕三维欧几里得空间中二维曲面理论，仅二维曲面就写了 300 页。除此之外还包括许多复杂的练习题，因此几何的专题练习课上做了不少题目。当时表现最好的是大西，我经常逃课，中川铨吉老师会记在心里，下一节课一定会提问我，真叫人受不了。我现在完全记不得几何学课上学过的内容，说不定 100 年之后，我们现在研究的数学也可能会被遗忘吧!

当时，我们还要上一门叫作力学专题练习的必修课。既然有专题练习课，那应该有开设力学课程，不过我完全没有印象。担任力学专题练习课的犬井老师总是从下午 1 点上到下午 5 点或 6 点，特别累人。下午 1 点刚过两分，老师走进教室，在黑板上写下题目后转身离开，然后我们学生开始解题，当然不是什么容易的题目。于是我们就会中途休息一会儿，去第二食堂买个冰激凌再回教室，等

1　1936 年 2 月 26 日，一部分日本军官率领 1483 名日本官兵，以"昭和维新""尊皇讨奸"为口号，袭击了当时的日本首相冈田启介等政府要人。——编者注

下午 4 点左右老师回来讲题，结束时差不多下午 5 点或 6 点。力学专题练习课是一段痛苦的修行，因为是必修课，所以没法儿逃课。

每个年级只有 15 个人，因为人少，所以我们关系都很融洽。

我们大二时安倍亮入学，安倍在一年前考物理学系时由于健康原因被拒绝入学，他入学考试的平均成绩高达 96 分。安倍亮知识渊博、无所不知。后来我成了物理系的助教，有机会调阅学生过去的入学考试成绩，我发现东京大学往年最高分差不多是 70 分左右，96 分这种成绩简直是前无古人、后无来者。我们跟他马上打成一片，如同同班同学。

安倍见多识广，一起散步时他能说出路边花草的名字，看电影时他能说出所有建筑物的建造年份和建筑风格。他钢琴弹得不错，也精通音乐理论。有一天大家一起去第二食堂吃冰激凌，以知识渊博自居的中村秀雄给我们背诵《神皇正统记》时中途卡壳，然后伊藤清接着后面背诵又卡住，最后又是安倍接着背诵。在那以后，大家都觉得中村是自诩的知识渊博，安倍才是货真价实的知识渊博。

但是与现在的数学系学生相比，我们当时悠闲多了，三年内只要修满 12 ~ 13 门课程就达到毕业要求。当时数学没有现在发达，所以专业领域种类偏少，专业书的数量也极少，例如拓扑学相关的专业书只有 Kerékjártó 的《拓扑学》、赛费特（Seifert）和特雷法尔（Threlfall）的《拓扑学》（*Lehrbuch de Topologie*）、亚历山德罗夫（Alexandroff）和霍普夫（Hopf）的《拓扑学》等 3 本，只看完亚历山德罗夫和霍普夫的书就能写拓扑学论文。当时还没有出现复流形理论、微分拓扑学等。在神田的三省堂书店，日语的数学书只摆满一个陈列柜。当时的本乡大道非常空旷，任何地方都能随意穿行。从赤门前往本乡三丁目的路上有一家叫作青木堂的老咖啡馆，我总是把它想象成夏目漱石《三四郎》里出现的青木堂。

大二时的课程有挂谷宗一老师的微分方程式、竹内端三老师的函数论等。

竹内端三老师的函数论包括黎曼映照定理的证明等。竹内老师的课非常精彩，大家一听就懂，以至于都会忘记做笔记。

大三时的研讨课（相当于现在大四的研讨课）由弥永昌吉老师任课，不过我完全记不起当时上了什么内容，脑里完全没有任何研讨课的情形。弥永老师说我当时在研讨课上讨论的是亚历山德罗夫和霍普夫的《拓扑学》。虽然我记得自己在暑假期间拼命阅读这本《拓扑学》，但是完全没有印象是为研讨课而准备。虽然我在大三的研讨课上研究了拓扑学，但是最后没有将拓扑学定为自己的研究领域。现在，学生如果不尽早确定研究领域，尽快发表论文的话，就无法成为一名数学家。不过当时的情形与现在完全相反。我到三十四五岁才将复流形确定为自己的研究领域。

我从数学系毕业后参加普通招考，考进了物理学系。入学考试规定要考我最不擅长的化学，我想着反正也不会做，于是就去找了物理系主任寺泽老师，向他诉苦说："我化学很差。"结果寺泽老师告诉我，化学在物理系的入学考试中占的比例特别小，即使考零分也没关系。因此我松了一口气，复习了一个月左右就去参加考试了。

在当时，东京大学的理论物理带有很强的物理数学色彩，其中有几门必修课是数学。不管是量子力学还是相对论，物理系学生最头疼的还是其中的数学部分。因此对于数学系的毕业生来说，物理系的课程相对比较轻松。而且我向担任其中几门课程的老师申请了免试。下课时，我在教室跟老师说："请允许我免试。"老师们当场就答应了我的请求。现在想来，为什么当时不用通过教研室讨论和教授委员会讨论就擅自应允？免试学生的成绩如何处理？实在觉得不可思议。不过，物理数学专题练习课跟数学的力学专题练习课一样费神。那时候我还去旁听了藤原咲平老师的气象学课程，藤原老师被称作"天气博士"，名气很大。藤原老师在第一节课就慢条斯理地提醒我们："第一学期讲点无聊的内容，等第二学期旁听的学生少了以后，再讲些有意思的东西。"所以我去了一次后，就再也没去了。后来我去旁听了天文系萩原雄祐老师的课，但课程进度太快，我完全一头雾水。天文课下课后我坐在休息室喝茶，萩原老师来喝茶时一脸得意地问我："怎么样，是不是没听懂？"这时我才明白，有些课程并非是为了让学生能听懂而开设的。

就这样一转眼又到了大三，我在坂井卓老师的研讨课上学习了场的理论。同时还写了数学论文，这是因为在物理系时有许多空闲时间。在当时，数学学会和物理学会统称为 Physico-Mathematical Society of Japan。不知道是学会预算充足，还是投稿的人少，我投了一篇与霍尔效应测量有关的长篇论文，不到几个月就正式出版了。也许是因为那时还没有设置审阅人一职。

我从物理系毕业时受物理系的委托去代课，我已经不记得自己具体上过什么课了，不过其他的课我也不懂，所以应该上的是物理数学。第一次站在讲台上看着身穿黑色制服的学生时，有一种奇妙的感觉。一年后我去了文理大学数学系当助教，再过了两年，我又去了东京大学物理系当助教。现在想来也觉得不可思议，我没有写过一篇有关物理的论文，结果却被聘为物理系的助教。在物理系，我当然是承担物理数学的课程，不过我曾经上过相对论。那时战争进入白热化阶段，上课时间明显缩短，三四周就上完了相对论的内容。我认真研读了外尔的《空间、时间与物质》后，将其内容整理压缩成三四周的课程，我自己都觉得了不起。不过10年前我重新反复读了《空间、时间与物质》，也没有看懂。也许自我感觉良好只不过是错觉而已，如果还能找到当年的笔记，真想好好看一看。

后来，东京的空袭越来越严重，空袭警报器一响，我们就立马躲到物理教室的地下室。在我看来，从统计上来说也许地下室比地上安全，不过与我个人的安全无关。B-29的机身闪着银色光芒，编队从一万米的蓝天上空飞行而过，看上去还是很漂亮的。我实在无法想象空袭者与躲在阴暗地下室的我们是一样的人类，我有种被外星人攻击的感觉，并没有产生同仇敌忾之心。

然而每次警报一响，我们就得钻进地下室，如此一来根本没办法上课。于是我跟父亲商量，想要把物理教研室疏散到外地，父亲说想疏散的话，他帮我们寻找疏散地。后来我在教研室会餐时提出“想要把物理教研室疏散到乡下”的想法，大家问我“有没有确定疏散地”，我回答说“我的父亲会帮忙寻找”，于是当场众人合议决定“那我们疏散到外地去吧”。我大吃一惊，因为做梦都没有想到这么大的问题竟然可以如此随意地决定。我只不过随口一提，但既然决定了，那我就必须负起责任。而且，数学系跟我们一起疏散到外地。可惜我的办事能力几乎为零，因此只好把相关事宜拜托给父亲，例如与疏散地的村办事处以及借我们教室的小学等协商，最后听父亲的吩咐去拜访了村长、小学校长等。总之我什么都没干，不过别人却认为我虽然什么都没干，却挺有本事，也许这是我后来被选为理学院院长的原因之一。我天生懒惰，曾经在 *Life* 杂志的 Natural Library 中看过南美有一种叫作树懒的动物，它们总是挂在树枝上一动不动，身上长满藻类，看起来就像是植物。树懒因为懒惰而成功存活，它们是大地懒（megatherium）唯一的后代。看完以后我非常兴奋，这简直就是我理想中的生活，我讨厌所有带“长”字的事物。如此懒惰的我却被选为院长，还真是因果报应。

迁到疏散地后，我们虽然成功逃离了空袭，却开始为粮食匮乏问题而烦恼。原以为乡下的粮食储量比东京要多，结果却在意料之外。只有经历过才知道饥饿有多惨，尽管如此大家还是都很勤奋学习。从这个疏散到外地的班级走出了许多优秀的数学家，由此可见，生活环境与学习之间的关系也不大。

那年 8 月，战争终于结束，不过最终没有引起太大骚动。或许大家在心底里都暗自认为日本肯定会战败吧。

回到东京以后，粮食匮乏问题没有任何好转，不过学生们都在刻苦学习，而且表现很好。在年度考试时，即使我绞尽脑汁出了很多难题，还是会有几个学生拿满分。不知道为什么，当时研究室的抽屉里放着一个柠檬，虽然长了绿霉，不过香味没变。柠檬在当时是稀有品，所以尽量将柠檬切成小片泡茶，我一边喝着红茶，一边讲课到晚上 8 点。当然中间没有吃晚饭，明明吃不饱，不知为何大家都精神抖擞，想来也是神奇。

我还是在物理系当助教，同时写着数学论文。旧制大学的助教在战后依然清闲，既不用干杂事，也没有委员会的工作。在物理方面，我学了量子力学的基础、场的理论、海森堡（Heisenberg）的 S 矩阵理论等。海森堡根据“应该用可直接观测的量来构建物理理论”的哲学思考提出了 S 矩阵理论的构思。该构思极具吸引力，我曾经在岩波的《科学》上发表了一篇有关 S 矩阵的小论文。多亏了旧制大学自由悠闲的学习氛围，我才能在不确定数学专业的情况下学习物理。我非常想将现在的大学还原成自由悠闲的学习氛围，可惜已经不可能实现。之后我移居美国，18 年后回日本，一来是因为我有强烈的回国之心，二来觉得差不多也该回去了。不过，我想回去，是想回到战争爆发以前那个悠闲的日本，可惜再也回不去了。

（《数学》1980 年 1 月刊）

回顾与……

1974 年 11 月 30 日在东京大学

数学教研室秋季大谈话会上的谈话

标题“回顾与……”中的后半部分是“……”，原本想模仿之前的做法，把标题定为“回顾与展望”，不过单单“回顾”就已经不是很可信了。(笑声)我记性不好，经常忘事，如果只是单纯地忘记也就算了，结果还记错了。我的论文集马上要在岩波书店出版了，我拜托贝利(W.L.Baily，芝加哥大学教授)为我作序。贝利写完序文后希望我过目，我读完原稿发现有两三处错误，本来想直接订正，不过慎重起见，又重新查阅了另印的稿子，才知道原是我记错了。所以这个“回顾”不太可信，应该在其后面加一个问号，即“回顾?”展望的话应该是“……”，未来本是未知数，意料之中的都是现在。

我自己身上也发生了许多无法预料之事。首先是成为一名数学家，我初中时的梦想是成为一名工程师，甚至那时我都不知道世上有一种职业叫作数学家，他们靠写论文维生。高中——原来的“一高”[1]，现在的驹场，当时觉得高中老师生活特别悠闲，所以想要成为一名高中老师。考大学时曾经犹豫学物理还是学数学，因为物理的

1 日本旧制第一高等学校，现在的东京大学教养学部，“一高”人才辈出，夏目漱石、谷崎润一郎、川端康成、南部阳一郎等人均是“一高”出身。——编者注

入学考试要求考化学，所以选了数学。数学学得还可以，其他科目就不行了，特别是化学，我完全吃不消。最后我考入了数学系，成了一名数学家。

其次，我做梦都没想到自己会在美国生活 18 年。假如没有爆发战争，我应该一直悠闲地在日本生活。上大学时听说过正次老师去了德国学习，我当时很想不通为什么老师要去语言不通的外国受苦，并暗自决定自己一定不出国。但是后来战争爆发，日本国内粮食匮乏，惨不忍睹。那时候，刚好外尔教授邀请我赴美，于是我立马改变心意去了美国。

最后一件超乎意料之事就是被聘为理学院院长，(笑声) 这违反了当初的约定。当初回日本时，我记得校方承诺我不用处理琐事，(笑声) 不过也许是日本的契约观念不强，所以他们违反约定聘我做了院长。关于“展望”，我连自己的将来都无法预料，更何况数学的将来呢?

现在的情况和我以前还是学生时完全不同，那时候数学系每个年级只有 15 名学生，以本科生为主。研究生都集中在一个教室里，不用上课也不开专题研讨课。大三会开专题研讨课，我还记得自己是在弥永昌吉老师那个组，不过具体做了什么已经不太清楚了，完全想不起研讨课的情景。(笑声) 那时是函数解析的全盛时期，所以也许大家都在做函数解析，例如巴拿赫空间、希尔伯特空间等。当时冯·诺依曼特别出名，他写了许多关于希尔伯特空间的论文，所以我也做了很多相关研究。当时基本没有关于代数几何的研究，岩波数学讲座共有 30 卷，代数几何只是一本近 100 页的分册，翻阅时还觉得这本数学书甚是奇怪。

当时日本还出版了外尔的《群论与量子力学》，冯・诺依曼的《量子力学的数学基础》等，既然数学与物理关系如此紧密，我就想着也学点物理好了，因此从数学系毕业后，我考入了物理系。在物理系时很闲，明明是物理系的学生，我却得闲写了不少数学论文。1942 年，我从物理系毕业后，被聘为文理大学数学系的助教，1944 年又被聘为东京大学物理系的助教。我没写过一篇物理论文，却被聘为物理系的助教，这在现在完全不可能。现在的话，教授委员会特别闹腾，会重点考察聘任对象有没有论文、有几篇论文。(笑声) 当物理老师后主要还是上物理数学，专题研讨课的内容依然是关于物理，所以就阅读了海森堡 (Heisenberg) 场的理论相关论文。不过分不清楚专题研讨课的内容到底是物理还是数学，所以在我组里有几个人从物理转到了数学。(笑声) 我的专业不固定，顺手学了希尔伯特空间、微分方程、霍尔效果测量等。我甚至还学了连续几何，并且花了一个夏天写了论文 (与古屋合作)。连续几何就是无限维度的射影几何，整个射影空间的维度是 1，对于 0 和 1 之间的任意实数 μ，存在 μ 维度的部分线性空间，而且不存在点。冯・诺依曼发明了如此神奇的几何，后来还宣传说可以使用空间研究量子理论，我上了他的当，认真开始研究…… (笑声) 现在回想起来确实有一种受骗的感觉，我不知道物理将来会如何发展，或许连续几何在未来会得到广泛运用。

就这样，我对很多东西都非常感兴趣，大概从 1942 年起被外尔的黎曼曲面理论深深吸引，认真研读了他的名著《黎曼曲面的概念》，漫无目的地思考如何将一维复流形理论推广至二维以上。可能当代年轻人认为复流形以前就存在，不过当时的一般复流形概念并不清晰。《黎曼曲面的概念》出版于 1913 年，如果是在现在，任何人都会研究如何将其推广至高维，不过在以前悠闲的环境下，没有人想到推广。

众所周知，黎曼曲面上的实数值函数 u 作为单复变函数的实部，其充分必要条件是 u 是实调和函数。《黎曼曲面的概念》有两部分构成：(i) 构成黎曼曲面上给定的具有特异性的调和函数；(ii) 证明其实部为该调和函数的复变函数。在二维以上的复流形上，实调和函数一般不是复变函数的实部。我不知道该研究什么好，所以首先翻阅了霍奇（Hodge）的论文，打算将《黎曼曲面的概念》的 (i) 部分推广至 n 维黎曼空间。霍奇的论文非常晦涩，很难理解。使用德拉姆上同调、阿达马矩阵的偏微分方程基本解和外尔正交射影，可以轻松解决 (i) 部分推广至 n 维的问题，我于 1944 年在日本学士院纪要上发表了相关结果。我撰写的详细论文因为战争就此耽搁，战争结束后角谷说他认识一个美国人，愿意帮我寄给这个人，我只好拜托给他。在差不多都要忘记此事时，我突然收到校对稿，论文最后刊登在了 1949 年的 *Annals* 上。

大概是在 1946 年或者 1947 年，因为机缘巧合——大概是物理专题研讨课——我开始对二阶常微分方程的特征值问题产生兴趣，证明了表示特征函数展开式中出现密度分布的公式。斯通（Stone）在其关于希尔伯特空间的著作的最后一章中提到雅可比矩阵的特征值问题。雅可比矩阵的特征值问题就是二阶差分方程的特征值问题，将差分方程看作直线上以 ε 间隔分布的离散化点集的函数，假设 $\varepsilon \to 0$，可得出二阶常微分方程。将雅可比矩阵理论改成常微分方程理论，得出上述公式，这很快得到了证明。

当时，大概是在 1948 年的春天，菅原老师告诉我："我拜托高木贞治老师跟外尔说，让他帮你写推荐信。"半年后我收到了外尔向我发来的邀请函，问我有没有兴趣去普林斯顿高等研究院。于是我跟着菅原老师去高木老师家道谢，结果高木老师从容地说："那个，我太懒了，拖到现在还没有写呢。"（笑声）我不禁感叹，原来如此，所谓的大家大概都如此淡定的吧！我也想向他们学习，不过每次有年轻人托我写推荐信，我还是急忙帮他写好。（笑声）

1949 年的秋天，我去了普林斯顿，不过因为完全不懂英语，所以吃了不少苦。由于我的英语实在太差，连外尔老师都稍显惊讶，他盯着我的脸说，等下学期英语好点的时候再开专题研讨课。不知道是战后英语教育进步了，还是现在年轻人听说英语的机会多了。尽管如此，我依然不懂英语。幸亏研究院有一位名叫伊格尔哈特的优秀秘书，我什么都不用说，就能帮我摆平所有事情。碰到什么问题时只要去她办公室安静地站着，她自然能明白我的意思。（笑声）

到普林斯顿后没过多久，普林斯顿大学的斯宾塞教授托人传话说想要见我。见面时，他希望我可以在专题研讨课上讲调和微分形式。我以自己不会说英语为由拒绝了他的请求，于是他笑着说，现在你不就是正在用英语跟我说你不会英语吗？最后我答应他每周在普林斯顿大学上一次课，内容是关于调和微分形式。不过我不太记得谁上过我的这门课。

第二学期，即1950年的1月，我在外尔和西格尔的指导下开始在研究院上关于调和微分形式的专题研讨。首先是外尔讲了两三节历史沿革，然后德拉姆讲了基于流（current）方法的调和微分形式，最后我接着讲了调和微分形式在复流形中的应用。具体内容是关于紧凯勒流形上存在拥有给定因子的有理函数，紧黎曼曲面的阿贝尔定理的高维推广。

事到如今，依然不太清楚如何才能将黎曼曲面理论推广至二维以上，翻阅《黎曼曲面的概念》，貌似构成其中心的理论是黎曼－罗赫定理，于是尝试将黎曼－罗赫定理推广至紧复流形的情况中，假定凯勒度量，暂且证明二维情况下的黎曼－罗赫定理。当时我与意大利的代数几何学家孔福尔托见面时，跟他提起了黎曼－罗赫定理，他回应说既然如此，那就实验验证一下。他一边在研究院的院子里散步，一边将该定理运用于各种例子并心算加以确认。我深深折服于他渊博的知识，在他看来，定理在得到证明后必须加以实验辅证，否则不可靠……（笑声）之后碰到安德烈奥蒂（Andreotti），也跟他提起此事，他说："能够证明实在难得，经过多年修行终于明白了……"（笑声）我不禁感慨原来如此，数学也是一门大学问。

大概是在1951年或者1952年，斯宾塞突然说想要学习关于层

(sheaf)的知识，就开设了与层有关的专题研讨课。当时我也出席了该研讨课，不过我对层的第一印象始终停留在它是一个不具备实体的奇怪的抽象概念。我做梦也没有想到层会成为代数几何中举足轻重的存在。在与斯宾塞共同撰写的论文中，我们运用层成功证明了塞韦里(Severi)猜想 $p_a = P_a$，我才意识到层的有效性。代数流形的两种算术类型 p_a、P_a 大概保持一致，这即是塞韦里猜想。1949 年，塞韦里在有关意大利学派代数几何的演讲上引用了远方的星为例证，强调了解决的困难性。因为后来知道运用层就能轻松解决这道“难题”，所以觉得也没什么了。

二维情况下的黎曼 - 罗赫定理暂且成功了，接着又尝试了三维的情况，不知为何得到的结果杂乱无章。如果是一般情况的话，应该完全束手无策。最后是塞尔(Serre)指出运用层可解决此问题。突然有一天塞尔给我写信，他告诉我黎曼 - 罗赫定理的一般形式大概是

$$\sum_q (-1)^q \dim H^q(M, \mathcal{O}(F)) = x(M, F)$$

原来如此，被他这么一说确实是这个道理。如何证明塞尔所猜想的上述公式是当时复流形理论的核心问题。我也曾尝试研究该问题，不过不知从何入手。

其中的机缘巧合现在已经记不太清了，那时候我模仿矢野 - 博赫纳(Bochner)的《曲率与 Betti 数》一书，想到求上同调群 $H^q(M, \Omega^p(F))$ 消灭的条件，结果证明了所谓的消灭定理，并以此得出定理霍奇流形均为代数。经常会有年轻人问我发现该定理的过程，

不过我自己也不太清楚是如何发现的。(笑声)当时的核心问题是黎曼－罗赫定理，除此之外的事情基本不怎么关心，因此这些内容就从记忆中淡去了。

大概是在1953年的秋天，希策布鲁赫(Hirzebruch)解决了上述核心问题。我没有向他打听过解决的过程，不过即便问了，他应该也不记得了。当时他正在潜心研究陈(Chern)类[1]多项式的计算，在假设黎曼－罗赫定理正确的前提下给出了各式各样的结果。在考虑如果定理本身是错误的话该怎么办时，却很快证明出了定理的正确性。(笑声)我想他并不是为了证明定理而进行计算，而是在进行各种计算的过程中不小心发现了证明方法，当时以上纯属我的猜测。

核心问题得到解决，复流形的普遍化理论也告一段落，我又开始迷茫该做点什么研究才好。我觉得可以尝试调查一下复流形的结构，于是就开始研究曲面，即二维紧复流形的结构。在1952年与周炜良(Chow)共同撰写的论文中，我们成功证明了具有两个独立代数有理函数的曲面是代数曲面，因此只具有一个独立代数有理函数的曲面的结构就成了当务之急需要解决的问题。当时有个井草猜想，即紧复流形均由代数复流形和复环面构成。现在看来该猜想确实简单粗暴，不过在当时我们都认为也许还真有点道理。如果该猜想正确，那么只具有一个独立代数有理函数的曲面应该是椭圆曲面，即代数曲线上的椭圆曲线一般是纤维化曲面，研究表明确实如此。我以此为契机开始研究椭圆曲面，结果发现古典的椭圆函数论

1 陈类因陈省身而得名，他在1940年代第一个给出了它们的一般定义。——编者注

既有趣又有用，自然而然地完成了椭圆曲面论。

紧复流形由有限个坐标邻域组成，因此其复结构的形变即是组成方式的改变，这是我与斯宾塞共同研究复结构的变形理论时的基本想法。大概是在 1956 年的秋天，当时在普林斯顿高等研究院逗留的弗罗利彻（Frölicher）和奈恩黑斯（Nijenhuis）从微分几何的角度成功证明了复射影空间的复结构不能形变。在座谈会上听了他们的证明过程后，我笼统地认为形变应该指的就是组成方式的改变。虽然这个想法简单幼稚，不过按照该想法研究紧复流形 M 的复结构随着时间 t 的变化情况，发现与复结构的 t 相关的微分、即形变速度表示为上同调群 $H^1(M,\Theta)$ 的元。在这里，Θ 是 M 上的正则矢量场的层。而且从此得出，M 的系数 m 应该与 $\dim H^1(M,\Theta)$ 有着紧密的联系。然后通过两三个简单的例子计算发现，等式

$$m=\dim H^1(M,\Theta)$$

成立。这很奇怪，形变即是组合方式的改变等幼稚的想法不可能构成形变理论，因此我试图早点找出反例，研究许多例子后发现 $m=\dim H^1(M,\Theta)$ 总是成立。既然如此，也许该等式本身就是正确的，然而不管如何证明，进展都不太顺利。因为形变理论在研究的过程中渐渐显现出其形式，而刚开始完全是实验科学。

回顾以前，我之所以能取得独当一面的成就，只不过是因为在普林斯顿开始研究复流形理论这一崭新领域时，我恰巧在那里，并且幸运地遇到了一位出色的合作学者斯宾塞。希策布鲁赫证明了黎曼－罗赫定理，直到复流形理论告一段落，从外尔和西格尔指导下

开设专题研讨课才四年，斯宾塞提出开始学习层才不到两年。假如我晚几年去普林斯顿的话，也许我就无法取得现在的成绩。也许数学研究只需要埋头思考，因此研究过程是主体的行为，不过在之后仔细想来，发现一切都是命运的安排。

大致是从 1962 年开始不断收到回日本的邀请，1967 年我提出不管杂事的约定而回日本。(笑声) 刚开始的时候觉得日本也是一个不错的地方，后来不知何时开始被拜托做一些杂事，最后竟被聘为院长。不可思议的是，好像谁都不记得当初我回日本时的约定。(笑声) 如果对院长的职务感兴趣的话，也许干起来很有意思，不过如果不感兴趣的话，就无比枯燥。不感兴趣的同仁千万记住不要蹚这趟浑水。我也思考过怎样才能不用当院长，不过没有得出任何结论。(笑声) 我原以为只要在教授委员会保持沉默就行，因此我几乎不出席教授委员会，结果还是被聘为了院长。

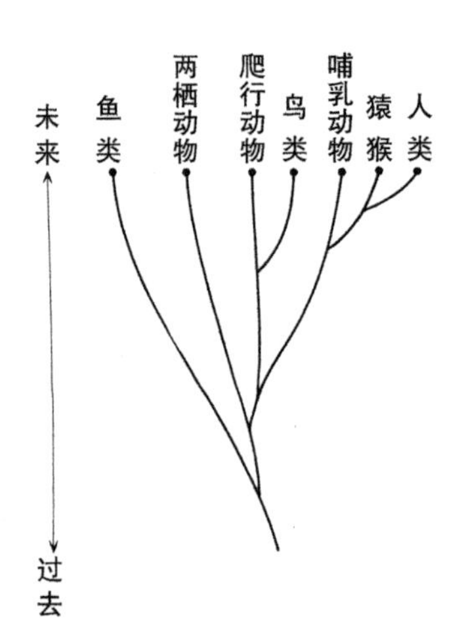

接下来是关于题目中的“……”，正如我在文章的开头提到过的那样，我无法预测数学的发展方向，也无法展望其将来的情形。不过发展的模式是固定的，进化的典型是生物的进化，因此数学的发展模式与生物的进化模式相差不多。动物的进化模式如上页图所示，在3亿～4亿年前，鱼类进化成两栖动物，但是并不是当时发展最快的鱼类进化成了两栖动物，而是作为原生（primitive）形态的鱼类进化成了两栖动物。当然，因为这是4亿年前的事情，具体情况我们也无从得知。不过我们不妨大胆想象一下，当时最厉害的鱼类在接近海平面的透明水域畅游，而这些鱼类的后代至今依然还是鱼，比如说鲷鱼……（笑声）另一方面，作为当时最原生形态的鱼类挣扎在海底的淤泥中，它们的后代不知何时爬上陆地，进化成了两栖动物。后来原生形态的两栖动物进化成了爬行动物……原生形态的猿猴进化成了人类。

我认为，数学的发展模式与此相同。某个领域得到发展，然而并不是其发展的最顶端衍生出新的领域，而是其领域的原始（primitive）部分衍生出了新的领域。为了避免引起不良影响，我就不打算分析数学的现状。下面我打算谈谈40年前我还是学生时的情况。在那个年代，平面几何相当于鲷鱼所处的地位。当时平面几何蓬勃发展，例如涌现了多位平面几何的大学者，他们发现了两三种费尔巴哈定理的证明过程。平面几何始于两千多年前，其形态不变，是一门不断发展的透明学问，与鲷鱼的情况相似。解析几何发展于平面几何，不过不是从当时平面几何的最顶端研究，而是从其最原始的部分中发展而来。

同样，我们在从事数学研究的过程中，如果确定一个专业领域，并对其最顶端的部分进行研究的话，通常会成果斐然，不过这些成果并不罕见。如果钻入泥沼中暗中摸索，终有一天会获得意料不到的稀有成果。我想，也许新领域正是诞生于这样的情况下。

不知不觉话题有点跑偏了，那我顺便再谈谈另外一个奇怪的现象。构成现代数学主流的形式主义表明，数学本身不过是将不具意义的符号进行排列组合的游戏，我认为这实在奇怪。例如希尔伯特的几何学基础论指出，“点”“直线”等概念本是不具任何意义的无定义语，甚至可以替换成“鲸”“猪”等。我们在证明“三角形的内角之和等于两个直角”的定理时，到底还是会在纸上或者脑中描绘一个三角形，如果面对 3 头鲸鱼或者 3 只猪的图画，我想根本不可能完成证明。

而且例如在撰写关于公理集合论的书时，通常从公理系统出发按照推论规律推导出公式，并且按顺序罗列公式即可。既然符号和公式不具任何意义，那么就没有理由选择特定的公式，因此只要从公理系统推导出来的公式按照长短顺序排列即可。但是如此一来，即便罗列数十万页，这本书也无法完结。即使将书限定在第一百万页，其内容也没有什么看点。然而实际上并不会出现上述这种奇怪的状况，因为我们会从推导的无数个公式中选择具有重要意义的公式，并且按照特定的顺序排列。如果从不考虑任何意义的形式主义出发的话，根本不可能撰写一本关于公理集合论的书。因此我认为，形式主义本身就是伪命题。

外尔是一个主观主义者。有一次我有事去找他，结果他告诉我说：“也许我是一个守旧派（old-fashioned），不过我觉得正交射影的方法不太好，我建议你重新修改论文，最好也不要采用正交射影的方法。”因此我备受打击。众所周知，在正交射影的方法中，首先需要思考构成整个给定空间上的平方可积分函数的希尔伯特空间 $\wp$，从外尔的主观主义来看，他并不认为存在类似 $\wp$ 的大集合。外尔在 1955 年出版的新版《黎曼曲面的概念》的序中曾经写道：“我也曾考虑过从本质上将狄利克雷原理改成正交射影的方法，不过最终还是放弃了。我不打算解释个中缘由。”我猜测根本原因在于，外尔不相信存在希尔伯特空间 $\wp$。

哥德尔（Gödel）的立场是实在论，他认为数学的对象是一个独立的存在，与我们所说的定义和结构无关。甚至，他还认为假定其存在如同物理学假定物质的存在一样正当。我的立场也是实在论——听起来好像很了不起的样子，不过哥德尔的实在论是深远思考的结果，而我的实在论却是缺乏思考的朴素存在。在我看来，比起使用巨型粒子加速器拍摄几万张照片后才能发现的神奇基本粒子，例如 K3 曲面等数学的研究对象要真实得多……

不包括基础论专家在内的绝大多数数学家，即便他们原则上是形式主义，本质应该都是实在论。我们数学家之所以不说发明新的定理而说发现，是因为该定理与发现它的数学家无关，其本身便是从宇宙起源开始独立的存在。尽管如此，当今社会仍然认为现代数

学的主流是形式主义，这本身与人脑构造有着紧密的联系。好像越说越跑偏了，那我的发言就到此为止好了……（掌声）

（《科学》1975 年 5 月刊）

愈发难懂的数学

《数学 Seminar》的主编邀请我写写自己从事数学研究的契机以及当时的回忆。我在不知不觉中成了一名数学家，而且没有什么特别的契机，只是我开始研究工作时的数学比现在简单多了。

当时还是旧制大学，从年龄上来说，当时的大一相当于现在的大三。而且数学尚不是很发达，研究领域也不多，到毕业为止的三年内必须修的课程数不过 12 ~ 13 门而已。其中力学、流体力学等几门课程，现在的数学系已停开。此外，必须旁听的数学课程都是一些基础课，例如解析概论、几何学、代数学、函数论、微分方程等。上课主要集中在前两年，第三年只有专题研讨课，而且也没有专门开设关于拓扑学和流形的课程。

拓扑学还处于发展的初期，当时相关的专业书只有 Kerékjártó 的《拓扑学》、赛费特和特雷法尔的《拓扑学》(Lehrbuch de Topologie)、亚历山德罗夫和霍普夫的《拓扑学》等 3 本，而且都没有出版过日语单行本。微分拓扑、复流形理论等学问也还没有出现。外尔的《黎曼曲面的概念》被视为晦涩的名著，广为人知。不过也没有人在其基础上开展复流形理论的研究。虽然代数几何是一门古老的学问，但是在日本却无人问津。

纵观整个数学领域，相关著作与论文的数量都极少，特别是当时刚成立的新领域，只需阅读一本相关著作就能成为该领域的专家。就像我只看完一本亚历山德罗夫 – 霍普夫的书，就能完成拓扑学论文。

不过当时与现在不同，没有着急发表论文的压力。最主要的还是通过阅读著作和论文学习数学知识，偶尔想到什么有趣的观点才会想到将其写成论文。而且数学家的人数也不多，即使不发表论文，也不用担心被他人抢占先机。现在的话，不管是多么细微的问题，在这个世界上肯定会有人在思考跟你相同的问题，因此决不能掉以轻心，而当时完全不存在这方面的担忧。

前些天，桑达拉拉曼（D.Sundararaman）出版了一本著作[1]，这是一份简单分析复流形的综合性报告，参考文献中所罗列的论文多达 1000 篇。大概是在 1955 年，外尔在普林斯顿高等研究院讲授了 1900 年后的数学史。大概上了几次课后，课程内容涉及了外尔的定理，即“对于任意无理数 θ，无数的点 $e^{2n\pi i\theta}$（n 为整数）在单位圆周上平均分布”。当时，外尔就面对我们这些听众感慨道：“在我年轻时，类似这样的简单定理就是一个大发现。现在数学变得越来越难，你们现在的年轻人不容易啊。”我当时也是听众之一，而如今面对这 1000 篇论文列表时，我也不禁感叹在今后的 25 年，数学会继续变

1 *Moduli, deformations and classifications of compact complex manifolds.*

得越来越难，所以现在的年轻人应该更不容易。

（《数学 Seminar》1981 年 5 月刊）

回忆普林斯顿

普林斯顿高等研究院

1949 年 9 月，我接受了普林斯顿高等研究院外尔教授的邀请赴美，当时与我一起的还有朝永振一郎老师。

二战后的东京满目疮痍，粮食短缺，目不忍睹。当时我听说普林斯顿有一个高等研究院，那里的研究员不用履行任何义务，只需从事自己感兴趣的研究便可。我听完心生羡慕，便对斋藤利弥说："根本问题是我们出生在了日本。"当时斋藤在东京大学物理系，是我研究室的成员，于是他回应我说："这也太根本了，那我们岂不是无能为力了。"

到了普林斯顿高等研究院后，我发现自己完全不会英语，不过幸亏有一位优秀热心的秘书能察觉我的所有想法。当时觉得自己好像移居到了一个神奇的国度，这给我留下了深刻的印象。朝永老师甚至说："好像被放逐到了天堂。"

编辑部也要求我写些普林斯顿时期印象深刻的故事。

到普林斯顿后，我很快就拜见了外尔老师。结果我那糟糕的英语让外尔老师也大吃一惊，他建议我"等下学期英语好点的时候再开专题研讨课”。

没过多久，普林斯顿大学的斯宾塞教授托人传话说想要见我。见面时，他希望我可以在专题研讨课上讲关于调和张量场的内容。我以自己不会说英语为由拒绝了他的请求，于是他笑着说，现在你不就是正在用英语跟我说你不会英语吗？最后我答应他每周在普林斯顿大学上一次课，内容是关于调和张量场。

我在高等研究院还旁听了西格尔（C.L.Siegel）的三体问题，每周3小时，内容清晰易懂。西格尔好像记住了上课的所有内容，他讲课从来不带笔记，这让我佩服不已。

虽然我听得懂西格尔课上的英语，却完全不懂日常会话。大概是在11月中旬，院长奥本海默家中举行了盛大的鸡尾酒会，当时研究院的所有研究员基本都在场。酒会结束后，年轻数学家贝特曼（Bateman）在回去的路上对我说了一些话，不过我完全没有听懂，我猜他大概在说要开车送我回宿舍之类的，于是就邀请了朝永老师一起。结果发现被带到了贝特曼的家中，他甚至还准备了大餐，着实让我大吃一惊。

我不仅听不懂英语，还认不清美国人的脸，这也非常不可思议。有时候会把长得有点像的两个人误认为是同一个人。也许掌握面部特征的能力需要经过多年的训练，我虽然养成了辨别日本人面部特征的能力，但是这个能力很难适用于美国人。

角谷静夫比我早一年到普林斯顿高等研究院，他从9月开始转到了耶鲁大学，不过也经常出现在普林斯顿高等研究院。角谷的英语说得很流利，几个人聚在一起时主角总是他，连美国人都在旁边搭腔附和，让我佩服得五体投地。

普林斯顿高等研究院的短期研究员（temporary members）中，除了著名的数学家德拉姆（de Rham），其余大部分都是年轻的数学家。后来名声大振的鲍特（R.Bott）也是其中一员。多亏了角谷，我也认识了其他年轻的数学家们，他们对我也很热情。

专题研讨课

到了下学期，我在外尔和西格尔的指导下开设了关于调和微分形式的专题研讨课。首先由外尔讲授历史沿革，在第一节课上，几个年轻的大学生坐在最前排一边吸着烟，一边听着外尔上课。于是到第二节课的时候，西格尔拿了一个写着“禁止吸烟”的牌子并把它放在黑板的一端，他开玩笑说：“这是我对本次研讨课的唯一贡献（This is my only contribution to this seminar）。”听说外尔老师讨厌烟味，也许是因为他香烟过敏。

德拉姆接在外尔之后讲了七八节课基于流方法的调和微分形式，最后我讲了调和微分形式在复流形中的应用。

因德拉姆定理而出名的德拉姆也是一位登山专家。1954 年，我去瑞士的洛桑拜访了德拉姆，他还给我展示了自己担任编辑的登山杂志。德拉姆邀请我和一位年轻的瑞士物理学家一起去纽约游玩时，那个物理学家说他不喜欢攀岩，因为有一种命悬一线的感觉，太过危险。结果德拉姆反驳说：“不，生命不是取决于一根绳索，而是脑子。”

亚历山大（J.W. Alexander）也出席了本次研讨课，就是亚历山大对偶定理的那个亚历山大。据角谷所言，亚历山大是一个富豪，他兴趣广泛，喜欢登山、广播等，其中还有一个兴趣是数学。当德拉姆还是学生的时候，他曾经在阿尔卑斯山的山顶见到了带着几位保镖的亚历山大，当时他只知道亚历山大是美国的一位富豪登山家，并不知道他也是一位数学家。

爱因斯坦的课

难得爱因斯坦会开课，不过一旦对外公开爱因斯坦开课的话，想必课堂上定会人潮涌动。因此，学校宣传栏上只写了“上午 11 点开始有课”的信息，既没有标出上课内容，也没有提到授课教师的名字。我在研讨课上听到学生在小声地口头互传说：“上午 11 点开始有爱因斯坦的课，不过要保密。”课堂上，身穿底领短夹克的爱因斯坦出现在了大家面前，他自言自语地开始在黑板上写公式。刚开始我听不清他嘴里念叨着什么，仔细一听原来他是在用德语口音的英语读公式中出现的文字“A”“B”“C”……偶尔忘记英语单词时，爱因斯坦就会用德语来说，例如 transponie，然后个别听讲者就会提醒他英文是 transpose。当时的上课内容是，只要运用作为广义相对论度量张量（metric tensor）的反对称张量，就能得到包括电磁场在内的统一场理论。

暑假

外尔和西格尔指导的专题研讨课在四月结束，接着研究院开始放暑假。

高等研究院的短期研究员虽不用履行什么义务，但不代表没有任何条件约束。其中，研究员必须居住在普林斯顿是条件之一。不过暑假期间可以免除该条件，允许自由活动。

于是，我去了麻省理工学院发表演讲，一天 1 小时，历时 3 天。演讲过程中，扎里斯基（O.Zariski）和霍奇（W.V.D.Hodge）两位全程坐在最前排，这让我十分为难。

扎里斯基年轻时在意大利学过代数几何，不过他认为意大利学派的代数几何证明不够严谨，因此对其持批判的态度。在意大利学派的代数几何中，最令人费解的事情要数证明模糊却定理正确。虽然我很佩服他们能用模棱两可的证明推导出正确的定理，不过扎里斯基并不赞同这种做法。有一个著名的定理叫作恩里格斯 – 塞韦里（Enriques–Severi）引理。扎里斯基在 1952 年给该定理提供了严谨的代数证明。后来斯宾塞和我运用层简单证明了该定理，当时扎里斯基写信来说，恩里格斯从来没有证明过该定理。于是我们就将该定理命名为恩里格斯 – 塞韦里 – 扎里斯基引理。

借用扎里斯基的话说，恩里格斯曾经对扎里斯基说过："像我这样的贵族（aristocrat）不需要证明定理，证明本就该由你们这些平民去做。"如此看来，扎里斯基对其持批判态度也是情有可原。

到了夏天，岩泽健吉从日本来，我跟他一起去芝加哥大学待了一个月左右。韦伊的家人都回法国了，所以他就和我们一起住在学生宿舍，几乎每天都能碰到。我们通常一起吃午饭，韦伊非常聪明，而且对所有的数学知识都如数家珍。我们就许多问题进行了探讨，真的受益良多。岩泽也感叹道："出生到现在第一次学到如此多的知识。"在芝加哥逗留期间，我成功证明了凯勒曲面上的黎曼－罗赫定理。这主要归功于韦伊的指教。

夏末，我去哈佛大学参加了国际数学家大会。当时住在哈佛大学的学生宿舍，房间内没有卫生间，床是上下铺。既然安排如此简单的宿舍也行的话，那么借用驹场的宿舍，日本也能召开国际大会了。这次国际数学家大会上，末纲恕一、弥永昌吉、吉田耕作等老师也从日本来参会了。

回到普林斯顿后，我去见了意大利的代数几何学家孔福尔托（F.Conforto），他参加完国际大会后顺便在高等研究院待上一段时间。我的黎曼－罗赫定理包括代数曲面上完全线性系统过剩值的公式。我们一起在研究院的院子里散步时，我向孔福尔托提起了这个公式，于是他提议："那么我们来做个实验。"他举出各种有关代数曲面的例子，计算其完全线性系统的过剩值，对比后说道："好像是对的。"孔福尔托的心算实力令我佩服不已，他认为定理不仅需要证明，甚至还需要通过实验对其加以辅证。由此可见意大利学派代数几何的秘密之一。

约翰斯·霍普金斯大学

原本计划从9月开始再在高等研究院待一年，不过约翰斯·霍普金斯大学周炜良教授热情地邀请我过去。我不知道如何拒绝，因此去了约翰斯·霍普金斯大学。如果那时候我拒绝他的话，应该会在高等研究院再待一年，然后第二年直接回日本了。

我在约翰斯·霍普金斯大学待了一年，第二年即1951年6月又重新回到了普林斯顿高等研究院。期间我和周炜良合作写了一篇论文，成功证明了凯勒曲面上如果存在具有两个独立代数有理函数的曲面，该曲面是代数曲面。

普林斯顿大学

在普林斯顿高等研究院待了一年后，从1952年9月开始，我通过斯宾塞的介绍去了普林斯顿大学。当时，普林斯顿高等研究院又添了几位新成员，比如从日本来的河田敬义和从德国来的年轻数学家希策布鲁赫。

当时担任普林斯顿大学数学教研室主任的是莱夫谢茨（S. Lefschetz）教授，他在年轻的时候是一名工程师，后来在实验中遭遇事故不幸失去双臂，因而成为了一名数学家。他知识渊博，也非常熟悉日本。我们在谈论太平洋战争时，我发表了自己的看法，他立马反驳了我的观点，认为最根本的原因在于来自农村的陆军将领们对农村弊端的愤慨。他读过谷崎润一郎的《细雪》，也因此学会了日本人名字的念法，他总是用日式发音称呼我太太“Kodaira san”，这让我心生钦佩之情。

斯宾塞出生于美国科罗拉多州的波尔得，他身材高大健硕，生性热情上进。在 20 世纪 50 年代的普林斯顿，复流形理论蓬勃发展的动力也源自于斯宾塞的热忱。

也是斯宾塞最先提出开设有关层的专题研讨课，从那时起斯宾塞和我开始合作研究。我们每天的任务就是在市内的餐厅共进午餐，然后一起去大学开展数学讨论。在 1953 年的春天，我们发表了最初的研究成果，即运用层证明了关于代数流形算术种类的塞韦里猜想 $p_a = P_a$。塞韦里用触摸远方闪耀的群星为比喻，强调解决该猜想的困难性，结果运用层反而轻松解决这道“难题”，实在不可思议。不管怎样，运用层对研究复流形理论有着积极的作用，复流形理论也因此得到急速发展。关于这方面的内容说来话长，所以先在此告一段落。

适应普林斯顿后的每一天随之变成了普通的日常，神奇国度的印象也逐渐淡化。

（《数学 Seminar》1981 年 8 月刊）

赫尔曼·外尔老师

1949年9月，我接受了赫尔曼·外尔的邀请去了普林斯顿的高等研究院。邀请信上外尔老师的签名给我留下了深刻的印象。第一次在研究院见到外尔老师时感到有些意外，他身材高大，长着一张圆脸，是一位体态文雅的绅士，给人的感觉像是一个性格和善的大叔。

我在去普林斯顿的路上顺便拐到芝加哥大学拜访了韦伊老师。韦伊老师从三楼窗户探出头来招呼我，他戴着魔鬼面具，吓了我一跳。即便如此，我并未对他感到些许意外。我对外尔老师的长相虽然有些意外，但并非那种因为与预想形象不同而感到的意外，而是一种莫名的意外感觉，说不太清楚。

对外尔老师而言，他们看到眼前这个身材瘦小、英语不流利的亚洲人时，也许也感到一丝意外。所以他才盯着我的脸打量一番，然后建议我“等下学期英语好点的时候再开专题研讨课”。

外尔老师几乎每天中午都跟我们这些年轻研究员一起在研究院四楼的食堂就餐，同时愉快地谈论各种话题。他会把洒在托盘上的咖啡重新倒入碗中喝掉。回想起来，这些事情仿佛是昨天刚刚发生的一样。

外尔老师生性率直，他不会将自己的想法藏在心里，有时候会说出一些辛辣的话语。有一天中午，我们在食堂吃午饭时，坐在我身边的一位年轻的美国数学家提到说："今天是小平 40 岁生日。"于是，外尔老师突然转向我，并对我说："据我所知，数学家想要做出一番成就一般要在 35 岁以前，你最好抓紧时间（you'd better hurry）。"不管如何抓紧时间，我都无法再回到 35 岁，这对我来说太困难了。老师貌似也意识到自己说得有些过分了，就继续补充说："不过也有例外，也许你就是例外。"这还算是比较收敛了，我还听说外尔老师曾经微笑着对一个意气风发的新人数学家说："我不太看好你的数学研究。"这简直太吓人了。

外尔大概是 20 世纪最后一位重量级的大数学家了，他的研究领域不仅限于数学，还涉及物理学和哲学。在爱因斯坦发表广义相对论后，外尔随即编著了《空间、时间与物质》，尝试研究统一场论。量子力学出现后，他又撰写了《群论与量子力学》。他发表论文共 167 篇，合计约 2800 页，出版著作多达 16 册，为后人留下了丰厚的硕果。

20 世纪 40 年代盛行研究巴拿赫空间、希尔伯特空间等函数解析，普林斯顿高等研究院的许多年轻研究员都以此作为自己的研究领域，外尔和西格尔仿佛在数学研究上完全与其他人独立。我曾经在研究院正面的院子里遇到日本数学家 K，至今还清楚地记得他说过："外尔和西格尔两个人乐此不疲地在挑战古老复杂的数学，那是种反动行为。"进入 20 世纪 50 年代后，代数几何、流形论、微分拓扑等迅速发展，数学出现了天翻地覆的变化。

* * *

在我赴美前，外尔老师就一直很照顾我。斯通在其关于希尔伯特空间的著作[1]的最后一章中提到雅可比矩阵（Jacobi matrices）理论，即二阶差分方程理论。将其改成二阶常微分方程，同时结合外尔在年轻时撰写的有关二阶常微分方程固有值问题的论文[2]发现，可以得到具体公式给出固有值分布与固有函数的展开，于是我将结果写成一篇论文发给了外尔老师。之后外尔老师回信告诉我蒂奇马什（Titchmarsh）使用其他方法得出了相同的公式，并且给我寄来了蒂奇马什的著作[3]。后来我又收到外尔老师来信，大致的内容是："我想在这次数学年会上演讲时引用你前几天的论文，我可以引用你未发表的论文吗?"即便是我这样的亚洲无名数学家，外尔老师也考虑得非常周到。在 1948 年 12 月美国数学学会的年会上，外尔老师发表了该演讲[4]。

* * *

到了下学期，按计划我在外尔和西格尔的指导下开始上有关调和微分形式的专题研讨课。刚开始几次课由外尔老师讲授历史沿革，因为当时我的英语还很糟糕，所以很遗憾，我不太记得上课的具体

---

1 M. Stone: *Linear Transformations in Hilbert Space*, Amer. Math. Soc. Colloq. Publications, 15(1932).

2 H. Weyl: Über gewöhnliche Differentialgleichungen mit Singulartäten und diezugehöringen Entwicklungen Funktionen, Math.Ann., 68(1910), 220-269.

3 E. C. Tichmarsh: *Eigenfunction expansions associated with second-order differential*, Oxford (1946).

4 H. Weyl: *Ramifications, old and new, of the eigenvalue problem,* Bull. Amer.Math.Soc,, 56(1950), 1 15-139.

内容。外尔的部分结束后，由德拉姆（de Rham）讲授了七八节课基于流方法的黎曼流形上调和微分形式理论，最后由我讲授调和微分形式在复流形中的应用。整个课程结束后，外尔老师对我说："之前的调和微分形式专题研讨课上到一半就乱套了，幸亏这次专家阵容齐全，最终圆满完成任务。"

之前的专题研讨课指的是1942年左右开设的有关霍奇（Hodge）调和积分论的专题研讨，刚开始主要研读霍奇的著作[1]，后来发现调和微分形式的存在证明存在一定的缺陷（gap），于是专题研讨课就因此暂停了。外尔老师还专门写了一篇论文[2]去填补该缺陷。

* * *

外尔老师用了几周时间在研究院讲授数学的50年历史，即1900年至1950年间数学的历史。我记得这部分课程大概是在1952年的上半学期，当时希策布鲁赫也来旁听。后来我因为当时没记笔记而感到遗憾，不过印象比较深刻的内容包括关于整数论的详细分析、对奈望林纳（R.Nevanlinna）理论的高度评价、抽象的普遍化理论很无聊，等等。不过我也不记得在讲什么内容时提到抽象的普遍化理论很无聊，他曾提到："你们肯定会想问，那你为什么要写《黎曼曲面的概念》这样的普遍化理论呢？当时在讲黎曼曲面时，我就想'思考普遍化的黎曼曲面'，于是就做了这件事（双手侧平举后上下摆动）。尽管如此还是觉得很麻烦，因此就写了《黎

---

1 W. V. D. Hodge: *The Theory and Applications of harmonic Integrals*, Cambridge (1941).

2 H. Weyl: *On Hodge's theory of harmonic integrals*, Ann.of Math., 44(1943), 1-6.

曼曲面的概念》。”这样听来，感觉外尔老师将《黎曼曲面的概念》归类于无聊的抽象论，这令我感到十分震惊。众所周知，《黎曼曲面的概念》是现代复流形理论的原型，书中几乎完美地展现了一维复流形理论。

另外对于自己的定理“假设θ是无理数，点列$\left\{e^{2n\pi i\theta} \mid n=1,2,3\cdots\right\}$在单位圆周上平均分布”，外尔谈道：“在以前，类似这样的简单定理就是一个大发现，而现在的你们必须从事复杂的研究工作，太不容易了。”在这个课上我还听到了类似这样的故事：“阿廷说在巴赫之后就没有出现新的音乐了，于是我就问他数学是什么情况，结果他摆出了一副嫌弃的表情。”数学家阿廷（Emil Artin）精通音乐，会弹奏拨弦古钢琴，他的兴趣是研磨天体望远镜的镜片。

* * *

到了普林斯顿后，我又重新将调和微分形式的论文[1]印成小册，并带着它去拜访了外尔老师。老师手拿着小册，笑眯眯地夸我说：“从运用正交射影的方法来看，确实做得不错。”又说：“也许我是一个守旧派，不过我觉得正交射影的方法不太好，我建议你重新修改论文，最好也不要采用正交射影的方法。”这番话使我备受打击。外尔老师在 1955 年出版的《黎曼曲面的概念》修改版的序中曾经写道：“我也曾考虑过从本质上将狄利克雷原理改成正交射影的方法，不过最终还是放弃了。我不打算解释个中缘由。”

---

1 K. Kodaira: Harmonic Fields in Riemannian Manifolds(Generalized Potential Theory), Ann. of Math., 50(1949), 587-665.

正交射影[1]是外尔发现的方法，对证明调和微分形式的存在极其有用。外尔老师说这个方法不太好，其原因在于他自身的数学哲学。对于数学基础研究，外尔老师支持直觉主义，虽说我也是支持直觉主义，不过这也只是针对数学基础研究，平时在做数学研究时，跟一般的数学家并无任何区别，而外尔的直觉主义可不是如此肤浅。康斯坦·里德在库朗传记中写道："外尔站在直觉主义的立场上为新生讲授解析入门。"

正交射影的方法到底所指何物？对此进行说明前，首先需要证明紧黎曼空间 R 上存在具有给定周期的第一种调和微分形式。假设将 R 上勒贝格可测由整个具有有限范数的 r 次微分形式 φ 构成的希尔伯特空间记作 H^r，将由二次连续可微的微分形式构成的 H^r 的子空间记作 L^r，那么 dL^{r-1} 以及 δL^{r+1} 是 H^r 互相正交的子空间。假设将同时与 dL^{r-1} 和 δL^{r+1} 正交的 H^r 的子空间记作 E^r，那么 H^r 是同时正交的三个子空间的直和，即

$$H^r = E^r \oplus \left[dL^{r-1} \right] \oplus \left[\delta L^{r+1} \right]$$

上述公式中的 [] 代表闭包。$\varphi \in H^r$ 对 E^r 的正交射影记作 $P\varphi$。德拉姆定理表明，存在具有给定周期的连续可微的 r 次微分形式 ψ，$d\psi = 0$。如果取正交射影 $u = P\varphi$，

u 所求的给定第一种调和微分形式就是正交射影的方法。

* * *

1 H. Weyl: The Method of Orthogonal Projection in Potential Theory, Duke Math.Jour., 7(1940), 411-444.

外尔老师深受哥德尔的不完全性定理“任何一个包含自然数论的形式系统，当该形式系统无矛盾时，它的无矛盾性不可能在该形式系统内证明”影响，他在其著作《数学与自然科学的哲学》英文版[1]中提到：“我们到底还是无法理解数学真正的基础、真正的含义是什么，数学与音乐一样，都属于人类创造性活动的产物，其成果受到历史发展的影响，因此我们很难客观对其进行合理化。”此外，在有关数学与逻辑概述的论文[2]的结语中，外尔写道：“（源于集合论悖论）的数学危机给我的数学研究带来了相当大的实际性影响，因此我将自己的兴趣转向了相对‘安全’的研究领域。”

从直觉主义来看，“存在”实数或函数意味着“能构成”该实数或函数。因此不存在任意不特定的勒贝格可测微分形式，构成其整体的希尔伯特空间 H^r 也是虚构的存在。外尔老师之所以认为正交射影的方法不太好，也许是因为正交射影的方法使用了虚构的 H^r，而这并不属于“安全”领域的范畴之内。《黎曼曲面的概念》中基于狄利克雷原理的调和函数存在证明很好地组成分段光滑函数列

$$u_1, \ u_2, \ u_3, \ \ldots, \ u_n, \ \ldots,$$

得出求其极限的调和函数

$$u = \lim_n u_n,$$

他认为该方法远比正交射影的方法“安全”。

哥德尔证明了不完全性定理，不过他的想法好像与外尔不同。

---

1 H. Weyl: *Philosophy of Mathematics and Natural Science*, Princeton Univ. Press, 1949.

2 H. Weyl: Mathematics and Logic. A brief survey serving as a preface to a review of “The Philosophy of Bertrand Russell”, Amer.Math.Monthly, (1946), 2-13.

哥德尔在其论文“罗素的数理逻辑学”中指出，“集合（class）和概念（concept）是两个完全独立的实在，它与我们所说的定理或构成不同。假定类似的实在与物理学假定物体的存在一样合理。想要得到满意的物理，物体是必要条件。同样，想要得到满意的数学，实在也是必要条件”[1]。而且,他还在“何谓康托尔的连续统假设”一文中提到：“我们对集合论的对象有着某种觉察力（perception），我认为这种感觉即数学直觉比五官的感觉更值得信任。”

总而言之，哥德尔认为数学的对象是与我们独立的实在，即实在论。而且，我们具有感知这种数学实在的能力。这与外尔的想法刚好相反，因为外尔认为数学是人类创造性活动的产物。哥德尔的想法表明，集合论是实际存在的，因此连续统的势 $\aleph$ 也是固定的。竹内外史与哥德尔交往颇深，据竹内所说，哥德尔“认为连续统的势 $\aleph$ 等于 $\aleph^2$ 。因为如果 $\aleph=\aleph^2$ ，将会呈现出一个极其美丽的世界”。

我个人非常喜欢外尔的数学研究风格。我读过他的论文和著作，深有共鸣，唯有直觉主义让我难以理解。因为我实在无法赞同希尔伯特空间不“安全”的说法。我是一名缺乏哲学素养的数学家，因此也没有资格评论外尔和哥德尔的数学哲学。我只是从自己多年从事数学研究的经验中得到一些体会，既然自然界实际存在，那么数学现象的世界应该也实际存在。虽然我也发现了一些定理，但是那

1 Kurt Gögel: Russell's Mathematical Logic, in Philosophy of Mathematics, editied by Paul Benacerraf and Hilary Putnam, Prentice-Hall, 1964, 211-232.

并不是我的发明，而是我在探索数学现象世界的途中，偶然发现了这些散落在角落的定理。

（《数学 Seminar》1985 年 9 月刊）

关于沃尔夫奖

前些日子，我去以色列领了沃尔夫奖。在日本，沃尔夫奖并不为人所知，因此趁此机会，我想来谈谈沃尔夫奖以及该奖项的由来等。

里卡多·沃尔夫（Ricardo Wolf）博士捐献自己的财产成立了沃尔夫基金会（Wolf Foundation），沃尔夫奖每年会向多位科学家和艺术家颁奖。

成立沃尔夫基金会的里卡多·沃尔夫于 1887 生于德国的汉诺威，他是一名化学家，在第一次世界大战前移居古巴。他用了将近 20 年的时间成功发明了一种从熔炼废渣中回收铁的方法，之后该发明在全世界范围内流行开来，沃尔夫也因此成为富翁。

沃尔夫从人道主义精神出发，他反对古巴的巴普提斯政权，支持卡斯特罗革命。卡斯特罗革命成功后，沃尔夫于 1961 年被任命为古巴驻意大利大使，之后又被任命为古巴的驻以色列大使，直到 1973 年古巴和以色列断交。之后沃尔夫定居以色列，于 1981 年逝世。

沃尔夫基金会的宗旨和管理章程由 1975 年以色列国会颁布的

“沃尔夫基金会法”所规定。根据其第五条规定，沃尔夫基金会的宗旨如下：

(1)奖励所有科学领域和艺术领域。

(2)奖励做出杰出贡献的科学家和艺术家，不限制国籍、种族、宗教和性别。

(3)在以色列为学生提供奖学金，为科学家提供研究经费，为大学和研究所提供经济资助。

关于(2)，第十二条具体规定如下：

(a)沃尔夫基金会每年颁发沃尔夫奖。颁奖仪式在以色列的国会大厦举行，由以色列总统亲手颁奖。

(b)沃尔夫奖每年分别奖励在物理学、化学、医学、农学、数学等五个领域取得突出成绩的、为人类带来幸福的人士，基金会还在理事会的同意下设置了第六个奖项，即奖励在艺术领域(音乐、绘画、雕塑、建筑)中做出杰出贡献的人士。

沃尔夫奖同时颁发奖状和奖金，奖金为每个领域各 10 万美元。

评奖由委员会负责，委员会每年更换委员，由著名科学家和各领域的专家组成。评奖过程绝对保密，只公布获奖名单和获奖理由。委员会选出的名单为最终结果，无法更改。

* * *

沃尔夫奖始于 1978 年，到去年(1984 年)为止，数学领域每年会选出两位获奖者，分别是盖尔范特(I.M.Gelfand，1910、苏联)、西格尔(C.L.Siegel，1896、德国)、让·勒雷(J.Leray，1906、法国)、韦伊(A.Wei，1906、法国)、嘉当(H.Cartan，1904、法国)、柯尔莫哥罗夫(A.N.Kolmogorov，1903、苏联)、阿尔福斯(L.V.Ahlfors，1907、芬兰)、扎里斯基(O.Zariski，1899、苏联)、惠特尼(H.Whitney，1907、美国)、克莱因(M.G.Krein，1907、苏联)、陈省身(S.S.Chern，1911，中国)、埃尔德什(P.Erdos，1913、匈牙利)。括号中的国名代表获奖者的出生国，数字代表他们的出生年份。

除了数学领域外，到去年为止，吴健雄(C.S.Wu，1912、中国)、乌仑贝克(G.Uhlenbeck，1900、荷兰)、戴森(F.J.Dyson，1923、英国)等人获得了物理学奖。获得医学奖的有以大脑半球研究著名的斯佩里(R.W.Sperry，1913、美国)，获得艺术奖的有画家夏戈尔(M.Chagall，1887、苏联)、钢琴家霍洛维兹(V.Horowitz，1904、苏联)等。获奖人数分别是农学 11 人、数学 12 人、物理学 14 人、化学 9 人、医学 14 人、艺术 6 人。

据说评奖时规定要排除诺贝尔奖获得者，沃尔夫数学奖的获奖者几乎都是大家，其中一个原因是诺贝尔奖没有设置数学奖。斯佩里于 1979 年获得沃尔夫奖，1981 年又获得了诺贝尔奖。到目前为止共有 6 人像他一样先获得沃尔夫奖，再获得诺贝尔奖。

* * *

去年年末，我收到一封电报，内容是汉斯·卢威(Hans Lewy)和我获得了今年的沃尔夫数学奖。元旦以后，以色列驻日大使在东京的以色列大使馆亲手向我转交了以色列副总统发出的正式通知函。今年的获奖者共 8 人，其中数学和物理学各两人，农学、医学、化学和艺术各 1 人。

我带着大女儿参加了 5 月 12 日的颁奖仪式，我们在 7 日晚上从成田机场出发，乘坐日航前往德国的法兰克福，转机乘坐汉莎航空到达特拉维夫时已是 8 日的下午。转机时的安检十分严格，除了身体检查，连相机都要拆下镜头检查内部结构。我在感慨这一系列防劫机措施的同时，也深刻体会到这种制度浪费时间的弊端。

11 日晚上在耶路撒冷的希伯来大学举行了欢迎会，我在现场见到了汉斯・卢威。80 岁高龄的汉斯・卢威十分健朗，我女儿对他说："您看起来好精神。"他答道："大家都这么说！"据说他维持健康的方法是散步和弹钢琴，而且他很擅长弹钢琴。他说："只管自己弹，从来不听他人演奏。"他年轻时听过的演奏至今仍然记忆犹新，这与现代的演奏风格格格不入，首先音调就比以前高上许多。他能记住 60 年以前的音调，想必音感特别灵敏。

12 日的颁奖仪式在国会大厦的一个房间内如期举行，房间朝西，十分宽敞，午后的阳光射入室内，再加上电视台的摄像师们扛着好几个照明灯，房间内非常明亮，夏戈尔的大壁画被衬托得特别漂亮。

哈伊姆・赫尔佐克（Chaim Herzog）总统当时发表了演讲，他使用希伯来语，搭配英语的同声传译。因为我不习惯使用耳麦，所以有好几处内容没听明白，只记得不断强调这是为人类幸福做出贡献的奖项。接着是文化教育部长伊扎克・纳冯（Yitzhak Navon）发表演讲，最后总统亲手向我们 8 名获奖者颁发奖状和奖金（支票），每个领域都派出一名代表发表简短的获奖感言。数学是由汉斯・卢威代表发言，到此颁奖仪式结束。

以色列总统是一个象征性的职务，因此经常会有学者被选为总统。今年（1985年）4月荣获日本国际奖的特拉维夫大学卡兹尔教授也曾担任过总统一职。据说爱因斯坦也被邀请担任总统，不过他拒绝了。

颁奖仪式结束后举行晚宴，宴席上也有几位领导逐一发表演讲。其中有一个人说道："日本人精于技术，犹太人精通数学，然而犹太人卡兹尔教授因生物科技在日本荣获日本国际奖，日本人小平因数学在以色列荣获沃尔夫奖。这又是怎么一回事儿呢?"这番话当场博得大家一笑。

* * *

回程时，我们乘坐以色列航空前往伦敦，然后转机乘坐日航，16日傍晚抵达成田机场。从耶路撒冷到成田机场花费了32小时，不过途中都是白天，抵达成田时已经精疲力竭。在伦敦机场和成田机场乘坐很长一段自动人行道，不过伦敦自动人行道的梯级和扶手移动不一致，放在扶手上的包老是往前跑，而成田的自动人行道则完全一致。我觉得从这里也能看出，在技术方面英国与日本存在一定的差距。

（高校通信东书"数学"，1985年9月，第254期）

数学是什么

采访者：饭高茂

初遇数学

饭高：今天有幸请到小平邦彦老师来谈谈自己的各种经历，这也是我们《科学》编辑部的夙愿。无论是关于数学，或者老师的人际交往，还是作为数学家的回忆等，我们会提问各种问题，希望都能得到您的回答。

第一个问题是您最早意识到数学的存在，或者说“爱上”数学(笑)、初遇数学大概是在什么时候?

小平：差不多在初三，当时的教材开始出现代数和几何的内容，初二、初三、初四各一本。班上有个同学特别喜欢数学，他提出尝试做做教材上的题目，我们从头开始做题，结果没过多久就完成了。(笑)虽说是代数，也不过是二次方程和因式分解的程度。我们大概是从这个程度开始做题，之后我想学习数学，就去买了藤原松三郎的《代数学》。

饭高：这本书在第一卷讨论了古典代数方程和不变式，第二卷是通过传统方法展开伽罗瓦理论以及矩阵的内容。书中包含了大量的练习和各种定理，是一本有趣的名著。当然，我是考入数学系后才接触到这本书。您当时买的是第一卷和第二卷吗?

小平：没错。但是，我已经不太清楚当时看了哪些部分的内容。开篇是关于自然数系的公理，我记得自己很认真地看了这个部分。接着学了高木贞治老师对二次剩余反转定律的证明，对此记忆还比较深刻。再往后就记不太清了，印象中学过连分数。我感觉自己对连分数还比较熟悉，不过在高中和大学并没有学过连分数，所以应该是初中时自学过。此外还认真学了伽罗瓦理论，不过看不太懂，那这个应该就是第二卷了。

饭高：是第二卷。

小平：那这有点奇怪，我不可能读到第二卷的，也许中间跳过了一些内容吧……初中的图书室里藏有竹内端三编写的《高等微分学》，因为看书名感觉很难，所以一直不敢靠近。那时我也不知道《高等微分学》其实是面向高中学生的微分学。

饭高：那时您还是初中生。

小平：是的，大概是在初三或者初四的时候。

饭高：这样一来，初中时期的数学课对您来说应该很无聊吧？

小平：这倒没有，因为听起来轻松，反而很有意思。其他课程上起来就很痛苦，比如英语和汉文，完全听不懂。我嗓门小，还有点结巴，被点名起来回答问题时，表现都不太好，然后会被骂得很惨。只有上数学课时不用担惊受怕。可能当时我发育不良吧！而且我看不懂小说，看过夏目漱石的《我是猫》，不过到看到中间部分就放弃了。

饭高：那您上了哪所高中？

小平：一高。

饭高：当时在一高是哪位老师承担数学课？

小平：高一是渡边秀雄老师，学了三角学，好像是很厚一本三角学的书。高二和高三是荒又秀夫老师。

饭高：您是在初四考入一高的吗？

小平：不是，因为我太懒了，所以初四的时候没有参加考试。（笑）当时老师一直催我参加考试，我就说自己不想参加……

饭高：考入一高后，您是如何学习数学和物理的呢？

小平：大概就看了岩波讲座《数学》，还有高木贞治老师的《初等整数论讲义》。除此之外还有正田健次郎老师的《抽象代数学》，不过这本书看不太懂，首先书中的用词就十分晦涩。

从数学系到物理系

饭高：您在考入大学后才开始专业的数学学习，当时您为什么选择数学系呢？单纯只是喜欢还远远不够吧！

小平：选专业时最终还是在数学和物理之间犹豫。碰巧气象学家藤原咲平老师跟我父亲是同乡，所以我们很熟，而且他的长子和我是初中同学。大概是在初四的时候，伊豆附近发生大地震。地震后，藤原老师前去伊豆调查，不知道为什么还带上我们俩一起。现在想来还挺悠闲，而且差旅费由电视台提供。箱根离宫内出现了高约八尺的断层，很有意思。当时藤原老师对我说，既然你都读过藤原松三郎的《代数学》了，那还是去读数学或物理吧，其他学科满足不了你了……

饭高：原来如此。

小平：物理的入学考试必须要考化学，因为我化学很差，所以就选了数学。

饭高：您有想过从数学系毕业后会怎么样吗？比如说会不会找不到工作……

小平：当时我不太担心。那时候如果说要学数学，基本都会遭到家长反对。好像弥永昌吉老师也因此被自己的父亲骂过。不过因为我父亲没说什么，所以我想应该不成问题。

饭高：现在许多家长对此的态度明显不同。现在的话，如果自家孩子提出想要学数学，家长们一般都鼓励他们说不管学多少年都可以，好好加油。很多家长都坦诚表示，帮助孩子发展他们自己的才能才是家长的义务。

小平：不过当时完全不是这样。大部分家长会生气地说，靠数学没法填饱肚子。

饭高：是不是第二次世界大战前的大学从大一开始都只上数学的相关课程？

小平：没错。力学也是必修课，除此之外全部都是数学。

饭高：数学系大一主要上哪些课程？

小平：首先是高木贞治老师的解析概论，然后是力学，由寺泽宽一老师承担。不过上力学专题练习课时受了不少罪，因为要从下午 1 点上到下午 6 点。此外还有末纲恕一郎老师的代数学和中川铨吉老师的解析几何。

饭高：主要是立体解析几何吧。

小平：是的，三维空间内的二维曲面。不可思议的是，我们居然上了一年的二维曲面，这也有些莫名其妙，（笑）当时接触了许多复杂的练习……

饭高：的确有趣。

小平：当时我觉得特别无聊，还适当地逃课了。只有中川老师不太好对付，即便考试的题目都会做，他也不给我高分，因为我逃了他的课。

饭高：力学专题练习课的5小时的确有点夸张了，期间一直在做题吗？

小平：对，老师通常出完题目后就不知踪影。于是，我们就去集体第二食堂吃冰激凌。（笑）

饭高：力学的题目一般比较难，您都会做吗？

小平：基本不会，因为实在太难了。后来我听说出题的老师们也不容易。（笑）

饭高：现在的话，力学专题练习课一般被安排在大二的下学期，我们那时也碰到不少难题。只有力学专题练习课至今让我记忆深刻。您在大二时都修了哪些课程？

小平：大二上了挂谷宗一老师的微分方程、竹内端三老师的函数论，以及寺泽老师的流体力学。大概就是这些。

饭高：决定研究方向是在大三？

小平：是的。

饭高：在现在叫作“数学轮流讲解会”的讲解会，您读了什么书？

小平：亚历山德罗夫－霍普夫的《拓扑学》，不过具体内容我早忘了，（笑）我甚至都不记得是为了大三的专题研讨课而研读了这本书。

饭高：这本书在我们读书时还发挥了巨大的作用。我好像是在大二快结束时买了这本书，买完就开始看。印象中拓扑的定义非常简单，理解起来却非常难。

小平：的确非常严谨。

饭高：只有开头很难理解，硬着头皮读完，后面反而比较容易懂。感觉看完这本书，自然而然地就能成为拓扑学专家了。

小平：是的，我还写了一篇有关拓扑学的论文。

饭高：不过当时的您说过不知道如何去完成专题研讨课，想必您另外还看了不少书吧?

小平：我在大二的时候读了杜林（M.Deuring）的《代数学》（*Algebraen*）。到了大三的专题研讨课，我原本打算跟着末纲老师研究代数，当时还跟着河田敬义老师去末纲老师家当面拜托他收下我。不过，之后末纲老师来信建议我跟着弥永老师研究几何……

饭高：当时还有谁跟您一起上专题研讨课?

小平：伊藤清和木藤正典，我记得伊藤清看的是概率论的书。我以前对代数非常熟悉，不过现在基本全忘光了。（笑）

饭高：不过与韦伯相比，杜林的书更有整数论的味道。如果您当时用了杜林的书，有可能就去研究整数论了。虽然历史不允许出现“如果”，但是这倒是一个有趣的“如果”。除了亚历山德罗夫－霍普夫之外，您还读了什么书呢？您在回国后还研究了奈望林纳理论普遍化后对高维流形的应用[1]。据说素材来自于您在学生时代读过的奈望林纳黄皮书。

小平：是的，我记得读过。翻开书后发现书中画满线。（笑）此外我还读过库朗－希尔伯特，这大概是在考入物理系之后，它的第二卷是偏微分方程论。当时我以为读完这本书就能掌握解偏微分方程的技巧，于是读得特别认真，结果却还是不会，我感到非常沮丧。我还认真地学习了希尔伯特空间。

饭高：您写过一篇有关希尔伯特空间的大论文。

小平：对，为“纸上谈话会”写了一篇有关算子代数的论文。

饭高：“纸上谈话会”指的是？

小平：就是写什么内容都行，只要你有灵感，就立马写出来。

饭高：是不是也设有秘书处，投稿后帮忙印刷出来？

小平：没错，当时是誊写版，原版都靠手写，还挺费事的。

饭高：是南云先生他们组织的吗？

小平：具体忘了是谁了。没有用英文撰写是那篇论文的一个遗憾。

饭高：是可约情况下的普遍化吧？

小平：是的，我刚去美国的时候，还没人做过类似的研究。当时

1 论文，Holomorphic mappings of polydiscs into compact complex manifolds.

只要原封不动地翻译冯·诺依曼的论文就成。

饭高：这又是一桩美事呢。（笑）

小平：不过因为看起来一模一样，反而显得有些愚蠢。删去冯·诺依曼理论中既约的假定，再从头到尾修改一遍，自然而然就完成了。

饭高：自然而然本身就是一个难题。您的一句自然而然就完成了并不代表过程很简单，反而说明自然可行的灵感、“自然而然”完成的过程才需要超凡的才能。不过说这些也没什么意义，点到为止就好。话说回来，您从数学系毕业后，为什么又重新考入物理系了呢?

小平：当时的许多书，比如外尔的《空间、时间与物质》、范德瓦尔登的《群论与量子力学》等，我从中发现物理与数学的关系越来越密切，这是其一。还有一个原因是，用现在比较时髦的说法就是“延期者”。

饭高：什么意思呢?

小平：就是想晚点毕业，现在的一般方法是留级，不过当时我是去考了物理系。

饭高：想必现在喜欢留级的学生听了您这番话一定感到很开心，不过你们的出发点应该完全不同。我认为您是因为热衷数学和理论物理研究，想继续潜心钻研。尽管如此，您在数学系和物理系一共待了 6 年，这期间的知识积累应该也不得了吧！听起来有点毛骨悚然。

小平：不是什么了不起的事情，我只不过是不想毕业而已。我生性懒惰，所以养成了一个坏习惯，总是先做自己感兴趣的事情，然后不得不做的事情就只能往后拖延，结果累积了一大堆工作，到头来害自己头疼得要命。提前解决完工作想必能换来一身轻松，可我总是办不到。延迟毕业和初四时没参加高中入学考试，都是这个坏习惯惹的祸。

饭高：您的第一篇论文[1]主要考察了有限非交换环，这属于抽象代数。当时您是数学系的学生吗？

小平：是的，大二刚学完代数。

饭高：我在看您的论文列表时发现，您在1937年、1938年、1939年、1940年一共写了8篇篇幅相对较短的数学论文，这应该是在物理系就读期间。

小平：没错。

饭高：这样看来，您在物理系学习时并不太认真啊……（笑）

小平：是的，不过也没有认真的必要。当时的东京大学物理系带有浓重的物理数学色彩，其中几门必修课是数学课程，而且不管是量子力学还是相对论，物理系学生最头疼的还是其中的数学部分。再加上其中好几门课，我都向老师们申请了免试，不过我不知道当时如何计算免试学生的成绩，至今想来依然觉得不可思议……我在物理系大三的时候写了论文[2]，证明了群演算可测群的测度决定群的

---

1 **Über die Strukur des endichen,vollständig primären Ringes mit verschwinden dem Radikalquadrat.**

2 **Über die Beziehung zwischenden Massen und Topologien in einer Group.**

拓扑。

饭高：这是第一篇长论文吧！您在物理系时的同学还有谁？

小平：学习院大学的大川章哉、木下是雄，还有加利福尼亚大学的加藤敏夫……

“巨著”的开端

饭高：您从物理系毕业后从事了什么工作？

小平：物理研究员，月薪差不多是 70 日元。

饭高：之后您很快被聘为助教了。

小平：是的，是文理大学数学系的助教。两年后又被聘为东京大学物理系的助教。

饭高：您去文理大学是在 1942 年，恰好是我出生那年。(笑) 当时您刚刚着手研究与现在工作有直接联系的调和张量场，并于 1944 年在学士院纪要发表了报告论文[1]。差不多同一时期，您还研究了微分方程的边界值以及固有值问题，并发表了一篇著名的论文[2]。您同时从事这两项研究，特别是选择调和张量场研究的契机是什么呢？

小平：契机是 1940 年外尔在 *Duke Math.J* 发表了有关正交射影方法的论文。在那之前我就对外尔黎曼曲面理论对 n 维推广很感兴趣，还看了德拉姆于 1938 年写的有关多重积分的论文，以及霍奇在 *Proc.London Math.* Soc 发表的有关调和积分的论文等。霍奇的论文很

---

1 Über die Harmonischen Tensorfelder in Riemannschen Mannigfaltigkeiten, (Ⅰ), (Ⅱ), (Ⅲ).

2 Über die Rand-und Eigenwertproblem der linearen elliptischen Diferentialgleichungen zweiter Ordnung.

复杂，我看不太懂，不过看了外尔的论文，我开始觉得只要运用正交射影的方法，就能完成对 n 维的推广。

饭高： 原来如此。那个时候还是战争最惨烈的时期，期间您一直在写与数学相关的论文。战争期间国外的数学杂志还能顺利送到国内吗？

小平： 几乎收不到。海森堡的 S 矩阵论文是唯一的特例，我也是刚听说的。去年 Misuzu 书房出版了一本《回忆中的朝永振一郎》，里面有一篇山口嘉夫的演讲，其中提到这篇论文是在战争期间用潜水艇从德国带过来，这篇带㊙的论文被送到朝永老师那里。战后（第二次世界大战）第二年，我们研究室在物理专题研讨课上一起学习了这篇论文。

饭高： 这倒挺让人吃惊的。历史上确实有许多著名的故事，比如用潜水艇运送机密资料，甚至钱德拉·博斯，没想到还运送了海森堡的论文。总之，在潜水艇论文的帮助下，您的研究向前迈了一步。最终完成的论文具体是哪篇？

小平： 正是这篇。

饭高： 原来如此，就是 1949 年刊登在 *Amer.J.Math* 上的有关 S 矩阵的论文[1]吧？战争结束后，您在国外的杂志上发表了这篇论文。论文[2]主要关于黎曼流形上的调和张量场，其副标题是“普遍化位势理论”，这之后被外尔称为“巨著”，是一篇著名的论文。这篇论文

---

1 The eigenvalue problem for ordinary differential equations of the sencond order and Heisenberg's theory of Smatrices.

2 Harmonic fields in Reimannian manifolds (generalized potential theory).

发表于 1949 年，那您又是在什么时候撰写的呢？

小平：战争（第二次世界大战）刚结束的时候。我们在諏访避难时，我的大儿子患上了糖尿病性肾病变，在上諏访的日赤医院住了好长一段时间。我坐在病房的角落，在臭虫的骚扰下完成了论文的最后一页。

饭高：在那个与国外断联、杂志停送的年代，您是如何想到"普遍化位势理论"的呢？

小平：没什么特别的，只不过是实践了外尔黎曼曲面对 n 维推广的想法而已。论文的主要内容双极位势的存在定理，欧几里得空间中的双极位势是物理数学的常识，因为广义相对论中的电磁场是时空中的调和张量场，也不是什么新想法。外尔关于黎曼曲面著作的第一部是拓扑学，这个程度的拓扑学在当时适用于任何 n 维流形，因此只要对第二部的位势理论进行推广就可以了。只要你遵循这本著作的内容，自然而然就能完成，（笑）就是计算过程有点麻烦。

饭高：但是，只有计算以后才能知道行不行得通吧？

小平：当时我没有为这个担心过，行不行得通都无所谓。战争进入白热化阶段，未来的事也是一片迷茫，而且那时候不像现在，没有论文也能评副教授……（笑）

走进物理教室，教室内在召开人事会议，黑板上只写了几名候选人的名字，根本不用担心论文。老师们坐在一起讨论，他们觉得这个人表现不错，就评他为副教授，当时的情况大致如此。

饭高：不过会议还是具有实际意义的，而现在的很多会议都只是走个形式而已。

小平：因为人数也少，大家对彼此都十分了解。

饭高：您是兼任文理大学数学系的副教授和东京大学物理系的副教授吗？

小平：是的。

普林斯顿高等研究院

饭高：战争（第二次世界大战）结束几年后，您就去了美国，当时赴美的契机是什么呢？

小平：因为外尔给我寄来了邀请信。战后的日本社会十分混乱，所以调和张量场的论文也就此耽搁了。到了 1948 年，角谷静夫拜托他认识的人帮我将论文寄给 *Annals of Math.*。外尔看了我的这篇论文后邀请我赴美。当时坐船到旧金山用了两周时间，朝永振一郎老师则接受了奥本海默的邀请，与我同行。

饭高：您当时对普林斯顿高等研究院的印象如何？

小平：那里聚集了一大批优秀的研究者，档次完全不同。在当时，永久成员分成两种，一种是名字后带教授职称的大家，另一种是普通的永久成员，而现在已经没有区别了。在数学研究领域，教授有外尔、西格尔、维布伦、莫尔斯、诺依曼，永久成员有哥德尔、塞尔伯格、蒙哥马利、亚历山大。另外还有爱因斯坦，我经常看到爱因斯坦和哥德尔一起散步。

饭高：离开生活艰难的日本去往美国时，您是不是很开心？

小平：是的，因为日本粮食短缺，经常吃不上饭，刚到美国时当然开心。不过这种心情持续不到3个月，我开始厌倦美国的食物，越来越想念日本料理。没有吃厌的只有生牡蛎和生花蛤而已。

饭高：现在的人好像都忍不了3天，刚去时一般会吃又大又便宜的牛排，不过吃过一次后就没兴趣吃第二次了，然后很想早点回日本。

话说回来，您在普林斯顿的第一次数学活动情况如何？

小平：在普林斯顿大学斯宾塞的指导下开设了专题研讨课，每周一次，内容是关于调和张量场。这是第一次。外尔对我那糟糕的英语也稍感震惊，他笑着建议我等下学期英语好点的时候再开专题研讨课。到了下学期，我在外尔和西格尔指导的专题研讨课上讲解了一篇论文[1]。

饭高：外尔这个人怎么样呢？

小平：跟我想象中的完全不一样，外尔长着一张圆脸，总是笑眯眯的，看起来是一位完美的绅士。他体型高大，又高又胖。到后来我的英语比较熟练后，我发现他为人率直，不会将自己的想法藏在心里，总是笑着说出一些辛辣的言语。后来有一天中午，我们在食堂吃午饭时，坐在我身边的一位年轻的美国数学家提到说："今天是小平40岁生日。"于是，外尔老师突然转向我，并对我说："据我所知，数学家想要做出一番成就一般要在35岁以前，你最好抓

1 Harmonic integrals,Part Ⅱ.

紧时间（you’d better hurry）。”我觉得这对我来说有点困难，外尔貌似也意识到自己说得有些过分了，就继续补充说：“不过也有例外……”

饭高：听说外尔认为不能运用希尔伯特空间来证明黎曼曲面上存在函数。外尔有一本有关数学和哲学的著作，而且很难理解。他如此认为的话，可能他自己有什么担忧的地方。结果见面发现他这个人总是笑眯眯的，看起来没什么烦恼的样子。能请您谈谈外尔的数学观吗？

小平：我重新印了一本有关调和张量场的小册子，然后去外尔办公室交给他时，他告诉我正交射影的方法不太好，还说：“也许我是一个守旧派（old-fashioned），不过我觉得正交射影的方法不太好，我建议你重新修改论文，最好也不要采用正交射影的方法。”这番话让我备受打击。这是我第一次接触外尔的数学观，后来在看他的著作时，感觉他是认真地在担心既然哥德尔不完全性定理表明无法保证数学的不矛盾性，那么数学普遍化也许会产生矛盾。

饭高：在当时，不管是数学还是物理方面，外尔都做出了很大的成就。在数学界，西格尔也是一个厉害的人物。西格尔这人怎么样？从他的著作来看，我觉得他是一位非常勤奋的数学家。

小平：的确很勤奋，我在约翰斯·霍普金斯大学期间，有一次西格尔来参加谈话会，会后我们一起去吃晚饭，当时西格尔在不经意间说到“我从上午 9 点左右开始学习数学，有时太沉醉其中，惊觉已到凌晨一两点，只好在半夜吃完一天的食物，所以我胃越来越不好，这令我感到十分烦恼”，我就觉得自己肯定做不到，这绝非是常人的境界。(笑) 西格尔身材高大，差不多有 110 千克，他一生未娶，所以也没有家人。他有一项绝技，就是讲课时从来不带笔记，不管是多难的公式，他都记在脑中，特别神奇。

饭高：不会卡壳吗？

小平：绝对不会。(笑) 我刚去普林斯顿那年，他正好在讲三体问题的课，每周 3 小时，完全不用看笔记。

饭高：计算不会出错吗？比如写板书的时候。

小平：绝对不会。课上 1 小时，课下需要花 6 小时准备。西格尔的课比较容易听懂，而且每次在上课前，都会花 15 分钟复习上节课的内容，所以基本都能理解。

研究院与大学不同，听课的人都是数学家，因此不可能每年都上函数论。西格尔每个学期承担的课程都不一样，在三体问题之前是阿贝尔流形，后一个学期上的是整数论。没点本事可当不了研究院的教授。(笑) 待在高等研究院可不是一件简单的事。

饭高：话说回来，您在何时见到了另一个“外尔”——安德烈·韦伊？

小平：第二年，也就是 1950 年，那年暑假我跟岩泽健吉一起在芝加哥待了一个月。韦伊非常热情，特别是对年轻人。我从他那里学到了很多，也被问了许多问题。

饭高：主要是什么问题？那个时期的话，应该是几何，特别是流形吧……

小平：论文[1]中的§2是韦伊教我的。我记得他让我证明代数曲面的有限覆盖面是代数曲面。希策布鲁赫－黎曼－罗赫定理右边的托德亏格也是从韦伊那里学到的知识。不过韦伊老师很爱发脾气。

饭高：他在什么情况下会发脾气呢？

小平：没有爆发预警才可怕，比如说大家一起去吃午饭，当时西格尔也在场，他提议去街上的餐厅，结果韦伊就怒气冲冲地质问说："为什么要去那么奢侈的地方？学生食堂就可以了！"明明他平时很爱品尝美食的，他这种阴晴不定的性格让人捉摸不透。

饭高：那个时候您在继续研究黎曼－罗赫定理的各种定式化以及证明的同时，还开始做解析曲面论的基础研究，即证明存在两个代数独立有理函数时凯勒曲面是代数曲面。关于这个研究，您和周炜良合作写了一篇论文[2]。

小平：我和周炜良两个人边喝茶边聊天，突然灵感从天而降。

饭高：这个证明的基础基本上是凯勒曲面上黎曼－罗赫的成功。

小平：是的。

"巨著"时期

饭高：除此之外，这个时期与斯宾塞合作的论文特别引人注目。

小平：听说斯宾塞是在去普林斯顿之后才开始从事这一类的数学研究。在那之前主要研究的是一元函数论的某个著名的问题……

1 The theorem of Riemann-Roch on compact analytic surfaces, Amer.J.Math., 73(1951), 813-875.

2 On analytic surfaces with two independent meromorphic functions Proc.Nat.Acad.Sci. USA, 38(1952), 319-325.

饭高：比伯巴赫的系数问题。

小平：他在学生时代主要研究解析整数论，在英国时师从著名的李特尔伍德。他回美国前，李特尔伍德送他到车站，鼓励他“不要放弃”。之后的10年，他一直在研究比伯巴赫猜想，到了普林斯顿后开始从事复流形研究。

饭高：大胆地进军完全不同的领域，并将其看作一个重要的领域，这果然是斯宾塞的风格。

小平：确实如此。他说虽然自己不是很懂，不过感觉调和张量场是一个非常重要的研究领域，所以就开始了相关的研究。他当时打算让自己重新回归学生身份，一心想着努力学习。

饭高：这个时期有了解析层理论，上同调的消灭定理被定式化，出色地完成了证明。

小平：我一开始不懂什么是层（sheaf），这也多亏了斯宾塞，因为他提议不管怎样，我们来做一个关于层的专题研讨……我们看了嘉当的笔记，刚开始一头雾水，不过我们在论文[1]中发现层能够用于代数几何。

饭高：与以前的调和积分或现有方法相比，层不仅更加简单，而且用起来十分自由。看定义的话，好像没什么特别……也许调和积分看起来比较高级。

小平：真的是不可思议，我们也不知道为什么会如此有用。连扎

---

1 On arithmetic genera of algebraic varieties(collaborated with D.C.Spencer), Proc.Nat.Acad. Sci.USA, 39(1953), 641-649.

里斯基也感到十分惊讶。

饭高：1952 年到 1954 年是您论文的高产时期，每年发表的论文多达 100 多页。您完成了黎曼 - 罗赫定理、消灭定理，发表了论文[1]，而且还完成了霍奇流形的射影性，再次发表论文[2]……这都是您在普林斯顿期间完成的吧？

小平：是的。

饭高：1957 年，您与希策布鲁赫共同发表了一篇论文[3]。

小平：其实这篇论文早就完成了，希策布鲁赫证明了黎曼 - 罗赫，大概是在 1953 年。之后又证明了霍奇流形的代数性，那时候我们知道将两者组合在一起就可以了。再后来我们说好一起写一篇论文，不过两个人迟迟没有动笔。于是希策布鲁赫提议说，不管怎样，我们各自写一半拼成一篇再说。（笑）

饭高：那前半部分是出自希策布鲁赫写之手吗？我倒没看出来。

小平：没错，后半部分是我写的。我们各自写完后把两部分拼在了一起。

饭高：是吗？我真没看出来。当时的希策布鲁赫还很年轻，充满朝气，您对他的印象如何？

小平：他刚来普林斯顿时，知识面还不太广，一直待在瑞士的霍普夫那里研究有理曲面，即现在的希策布鲁赫曲面，好像对其他领域都不太了解。

---

1 On a differential-geometric method in the theory of analytic stacks.

2 On Kahler varieties of restricted type(an intrinsic characterization of algebraic varieties).

3 On the complex projective spaces.

饭高： 专攻某一个领域的人，往往能做出出色的成果。

小平： 也许是的，希策布鲁赫来普林斯顿后开始研究陈类多项式，短短 14 个月时间，他就成功证明了著名的黎曼 - 罗赫 - 希策布鲁赫定理。

饭高： 之后不久，大概是在 1957 年，您开始研究复结构的形变理论，这可是一项大工程。在现代数学中，形变理论是撑起代数几何世界的思想支柱之一，是一个不可或缺的存在。虽然基本概念已经固定，不过到那时才有人真正开始从事相关研究。为什么您会研究这个呢?

小平： 被你这么一问，我倒不知道该怎么回答了，刚开始只是玩玩而已。(笑)

饭高： 您这话，我可不能当真了……

小平： 紧复流形 M 由有限个坐标邻域组成，因此其组成方式的改变是 M 的形变。于是 M 的无穷小形变表示为以 M 的正则矢量场的层 $\boldsymbol{\Theta}$ 为系数的一维上同调群 $H^1(M,\boldsymbol{\Theta})$ 的元。到此为止都没什么问题，再往后就有点奇妙了。M 的定义一般由若干个参数构成，参数的改变造成 M 的形变。因此在常见的具体例子中计算 $H^1(M,\boldsymbol{\Theta})$ 的维次，将其与 M 的参数 m 进行对比，发现 $\dim H^1(M,\boldsymbol{\Theta})$ 与 m 保持一致。按理说 $\dim H^1(M,\boldsymbol{\Theta})$ 应该远大于 m 才对，代入实例计算得出

$$\dim H^1(M,\boldsymbol{\Theta}) = m$$

这的确太顺利了，因此我试图早点找出反例，研究许多例子后

发现根本找不到反例。从这时起，我就开始认真了，斯宾塞从一开始就比我积极。我们不断思考形变普遍化理论，在复流形的各种例子中研究形变情况，并把成果概括成论文。这就是我和斯宾塞合作发表的论文“On deformations of complex analytic structures, Ⅰ－Ⅱ”。

饭高：那篇多达 128 页的大论文。

小平：差不多花了一年时间才完成。

饭高：要完成如此大规模的研究，当然需要花费大量时间……您那时的生活是什么样的呢？

小平：在高等研究院和普林斯顿大学各待了半年，就是每年先在研究院待半年，再去普林斯顿大学待上半年。

饭高：您在普林斯顿大学时需要授课吗？

小平：需要，差不多上一节课。不过在研究院的话就不用履行什么义务，好像确实如此。不过斯宾塞一般都上两节课。

饭高：没有专题研讨课吗？

小平：有的，无主题研讨课。

饭高：原来那时候就有无主题研讨课了，我在普林斯顿的时候也有过无主题研讨课。研讨课由格里菲思（Philip A. Griffiths）主持，我们集中到 13 楼，边喝红酒边讨论。

小平：这也是斯宾塞的提议，无主题（nothing）指的是不设置研讨的内容，总之每周集中讨论一次，大家可以提出自己感兴趣的话题。安德烈奥蒂和格劳尔特也经常参加。

饭高：那时您写了不少有关解析曲面的论文[1]，主要关于有理函数较少情况下的研究或椭圆曲面的研究等。您开始以上研究的契机是什么呢?

小平：论文“On compact complex analytic surfaces”是我于1957年参加有关解析函数的会议时发表的演讲，椭圆曲面论在此时已经完成了。没有什么特别的契机，但当时有个井草准一猜想，即紧复流形均由代数复流形和复环面构成……

饭高：在那时候，这个猜想有些大胆。

小平：没错，如果井草猜想是正确的话，只有一个代数独立有理函数的解析曲面应该是椭圆曲面。于是我调查了只有一个代数独立有理函数的曲面的结构，结果发现果然是椭圆曲面。既然知道是椭圆曲面，因为之前就存在椭圆函数论这个工具，只要通过这个工具认真研究其结构就成……

饭高：在工具的基础上搭配新的上同调和层果然事半功倍，理论很顺利地得到展开。之后还继续开展了非凯勒情况、普遍化情况等研究。

观察一些论文列表[2]发现，总而言之，外尔在“Die Idee…”写的内容十分自然，而且可以说是普遍化。首先有函数的存在问题，这

---

1 On compact analytic surfaces, Analytic Functions, Princeton Univ.Press, 1960, 121-135. On compact complex analytic surfaces, Ⅰ. On compact analytic surfaces, Ⅱ - Ⅲ.

2 On the structure of compact complex analytic surfaces, Ⅰ, Ⅱ, Ⅲ, Ⅳ, Amer.J.Math., 86(1964), 751-798; 88(1966), 682-721; 90(1968), 55-83, 1048-1066. Pluricanonical systems on algebraic surfaces of general type.

个问题在表明调和张量场存在的论文[1]以及证明霍奇流形代数性的论文[2]得到思考和解决。黎曼－罗赫定理从多个角度得到研究，并且成功被证明[3]。在二维情况下典型有序地开展基于上述论文的流形结构研究，黎曼曲面的绝对值问题呈现为普遍化的形变理论。过程还是非常清晰的。

小平：也就是说努力将外尔的黎曼曲面推广至高维。

饭高：1966年的暑假，您陪斯宾塞回到日本，我们那时候开心坏了，因为有机会和你们这些大数学家愉快地进行交流。然后在第二年，您终于正式回日本，我们都心怀感激。您刚回日本的时候，除非我们主动要求，否则您很少直接谈到数学，您谈论最多的还是关于日本与美国之间的比较，比如与古典音乐相比，现代音乐明显退步了……

小平：我认为现代音乐完全不知所云……

饭高：您在美国的时候应该也听过不少吧？

小平：是的，普林斯顿大学设有音乐学院，他们不指导演奏方法，而是教授音乐理论和作曲。

饭高：这就好比只指导如何写论文，却不教授数学知识。的确很奇怪。（笑）

小平：他们还定期出版杂志 *Perspectives of New Music*，甚至还刊

---

1 Harmonic field in Riemannian manifold(generalized potential theory).

2 On Kahler varieties of restricted type(an intrinsic characterization of algebraic varieties).

3 The theorem of Riemann-Roch on compact analytic surfaces, Some results in the Transcendental theory of algebraic varieties, On compact complex analytic surfaces.

登了运用集合论的音乐论文，实在令人震惊。我也曾经指导过一次论文，还去听了毕业生作曲的音乐演奏会。我欣赏不来，因为不出声的时间比音乐演奏的时间还要长。（笑）

饭高：不过，总比音乐学院的学生跑去听数学课要强吧。（笑）

小平：研究组结理论的福克斯（Ralph H.Fox）在钢琴造诣上也是专家级别，当时福克斯老师坐在我旁边，于是我问他："这想表达什么？"他答道："受禅宗影响，多感受无声之音……"（笑）

数学是什么

饭高：话说回来，您对数学这门学问有何看法？

小平：我也不太理解，而且最近越来越糊涂。说起来我不太明白理解数学到底是怎么一回事，总之，数学貌似与逻辑无关。

饭高：逻辑是数感的表现形式之一。

小平：曾经我问过阿蒂亚"是否对基础论感兴趣"，结果他回答说："完全不感兴趣，严密性体现在现代的函数上，不用担心基础论。"

饭高：因为可以整除。

小平：以前总是将完全不靠谱的东西视为严密，虽然我们认为现在的数学具有严密性，不过也许以后想法又会发生改变。所以也没什么必要担心基础论。

饭高：您赞成他的看法吗？

小平：我也不知道。自然现象的背后存在数学现象，正如物理学家研究自然现象一样，数学家研究的是实际存在的数学现象。而且理解数学相当于“观察”数学现象，“观察”则通过数感所形成的感知，这些是我真实的感受。不过即便到了现在这个年龄，我依然看不懂基础论的著作，这是我的困扰。(笑) 当时处于东京大学纷争时期，想来差不多是十年前 (1971 年)，我打算开始学习基础论。我以为既然基础论是最严密的数学，那么只要认真遵循其论，应该就能理解，然而却完全不知所云。因为当时学得特别认真，所以我感到非常沮丧。虽说我自认为大致理解了哥德尔不完备性定理，至于是否真正理解先另当别论，不过我到底还是无法理解柯恩 (Cohen) 的力迫法 (forcing)。年轻时不学的话，随着年龄增长就没办法理解数学的基础了，这也是一个奇怪的现象。

饭高：看来还真是少壮不努力，老大徒伤悲。比如说分数的加法运算，如果小时候没有掌握，长大以后就学不会了。到 20 岁以后再学就完全没办法掌握了。

小平：那确实学不会了。

饭高：有些人讲话逻辑缜密，却连分数的计算都不会做，学校的教育有些不太正常……前些日子，我在跟一位数学家聊天时，他说现在的社会都非常尊重数学家，不过这种态度叫我们为难，木匠不积累工龄的话很难成为独当一面的木匠师傅，他一直强调希望社会对数学家也持有这种看法……不过我认为，理解数学这个才能是劣性遗传。(笑)

小平：大致没错，我的女儿数学就很糟糕。(笑)

饭高：在数学的世界，我们能明显感受到数学的进步，那音乐的世界呢？

小平：也许也一直在进步吧，比如说约翰·凯奇作曲的著名曲子《4 分 33 秒》，一位带着秒表的钢琴家走上舞台，向观众鞠躬后在钢琴前坐下，然后一直盯着秒表什么都不做，到了 4 分 33 秒时他站起来谢幕后走下舞台……约翰·凯奇是一位闻名世界的作曲家，同时也是美国艺术科学院的会员。

饭高：我相信数学一直处于进步的状态，不过我至今仍然无法解出以前中川老师出的一道几何题，在这种意义上，我反而感受不到数学的严密性。而且还有一种情况是，以前会的题现在却解不了了。

小平：我学过的三角学也属于这种情况，三角函数的教材非常厚，我们上了整整一年。

饭高：说得极端点，现在不用学这些内容也算是一种进步。

小平：刚才提到的是渡边老师上的课，我记得听过一个传言，说是渡边老师本来是能与爱因斯坦媲美的超级大天才，不过脑膜炎害他沦为普通人才。(笑) 至今我都无法想象他竟然讲了一年的 sin、cos。

饭高：讲了一年的 sin、cos，看来因式分解中也存在各种难题，所以需要时间好好钻研琢磨。也许原本只是为了应试而背诵技巧，结果在这个过程中学得入迷而拼命钻研，这也是日本人的看家本领。平面几何的问题很多，因此对于平面几何的研究随着应试而流行开来。于是人们开始关注它的弊端，最终导致了几何从初等教育中消失的现象。不过最近貌似有恢复几何的倾向，您当时大概是在初中阶段学习平面几何吧?

小平：从初二学到初四。

饭高：主要是围绕几何作图问题吗?

小平：不，主要还是证明。我觉得还是学点几何比较好。

饭高：为什么要从现在的教材中删去几何呢?

小平：为什么呢?这事发生在我留美期间，具体原因我也不是非常清楚。

饭高：初等几何意外地有些精密，比如说我们上大学时会去做家教，家教课程中的大部分问题都能轻松解释清楚。只有几何的证明问题和作图问题比较难解，所以很多学生会找我帮忙。我一般在30分钟内能解开，于是学生总是松一口气说："老师您都要花上30分钟，我们解不了也正常。"正因为如此，几何的进步才会给人留下"钻进死胡同"的印象。那还不如索性放弃这条死胡同，直接学些与现代数学直接相关的内容。我觉得大致是这个道理。

小平：我们以前通过平面几何学习逻辑，也许是不借助几何的话就无法教授逻辑。如果以代数为素材的话，内容又显单薄。还有人脑分成左脑和右脑，它们的功能也不同，左脑负责分析，右脑负责综合。据说语言、逻辑、计算等由左脑负责，音乐、模式识别、几何等则由右脑负责。那么借助平面几何教授逻辑有助于将左右脑联系在一起，起到同时训练的作用。特别是画辅助线，这对于训练右脑十分有效，因为画辅助线时需要观察图形整体并作出综合判断。放弃几何的话，就等于放弃了右脑的训练以及左右脑配合的磨合……

饭高：不过我们必须慎重，因为几何从教材中消失不知道会对我们造成怎样的影响……

小平：这个影响的确未知。

饭高：现在的学生虽然在初中阶段基本没有接触过几何，不过越来越多人发挥自己出色的几何直觉并将其运用于学习中。我们上学时有学过几何，而现在的学生已经都不学了。

小平：这些优秀学生的几何学直觉是天生的，几何学直觉的能力之一是发现辅助线的能力，不过也有人通过拼命学习来习得这种能力。杂志《数学 Seminar》有一个专栏叫作“下午茶”，评论家扇谷正造曾经在专栏中写过类似的经验之谈，在他上初中时学校已经不教几何了。他认为不学几何很难考入高中（旧制），于是他趁着初四的暑假给自己定了一个计划，就是在脑中解出 100 道几何题。首先他撕掉了所有答案，虽然顺利解出第一题和第二题，从第三题开始就卡住了。而且其中有几天每天只解出 1 题，他每日专注解题，甚至连邻居家着火都没发现。第 60 题左右是瓶颈，突破瓶颈后就变得十分轻松，基本上看一眼图形就能瞬间反应出该如何画辅助线。连邻居家着火都没发现，是注意力太集中了。不过是不是只要集中注意力认真学习，任何人都能达到轻松掌握画辅助线的水平呢？这就不得而知了……

饭高：这的确是一段宝贵的经历。

小平：因为“不放心”的感觉而画辅助线，这无法从逻辑上判断。不过说到底，数学总是在不经意间就能掌握。

饭高：数学在不经意间就能掌握，这句话太安慰人了。（笑）

非常感谢小平老师今天的分享！

（《科学》1981 年 9 月刊）

第四章

来自普林斯顿的信件

1949年8月25日

昨天上午，我和朝永振一郎老师安全到达旧金山。旅途之中，在轮船到达檀香山时，由于船员间闹事，我们就在当地多逗留了3天，因此比计划时间晚到很多。不过这也给我们留出充足的时间好好游玩夏威夷。

坐船时我最害怕的是晕船，虽然海上风平浪静，不过轮船一直在颠簸，从出发的第二天上午开始就晕得厉害，我几乎没有进食，抵达檀香山时我都觉得自己快要死了。

在夏威夷时，夏威夷大学物理教研室的岛本和图潘（Mr.Toupin，二人都是年轻的物理学家）来见朝永老师，我们受到他们的款待。在那里的3天，他们开车带我们参观整个夏威夷，请我们吃日本料理和中餐。岛本是第二代日裔，他会说日语，经常跟我说夹杂着英文的日语，不过我完全听不懂英语，所以也只能听懂他话里的日语部分。轮船中的三等舱只有亚洲人，没看到一个美国人。夏威夷的夏天比东京凉爽，海天一色，清澈透明，一派热带的景象。微风徐徐，遍地鲜花怒放，夏威夷确实是一个好地方。而且一年四季气候如一，因此有很多日本人在此生活。一般海上温度较低，即使坐在轮船里，驶出港口后便不觉得热了，这与横滨的情况大不相同。檀香山的冰激凌量大味浓，让我赞叹不已。吃完一个冰激凌，倒有点心生感动。也有可能因为味道太过浓郁，所以不太冰凉爽口。接着令我惊叹的是机动车很多，路上几乎没有行人，只有机动车在行驶。我们坐在岛本的车中，不用走路就逛遍了整座城市。

我现在住在旧金山的联邦大酒店（Federal Hotel），三餐都在外面解决。早上在自助餐厅喝了咖啡，吃了火腿和热狗，不过这几天突然不喜欢喝咖啡了。午饭是在图米神父（Father Toomey）的 Maryknoll House 解决，包括一片吐司、肉、蛋、沙拉、红茶，还有一份馅饼。馅饼太甜，有点腻。晚上实在忍不住，就去了日本人经营的宾馆，在宾馆的食堂吃了生鱼片和米饭。跟在日本时不同，每天都吃美国的食物时，简直食不知味。我越来越想念日本的料理，这也是不可思议。

去芝加哥的火车因为客满，我没买到票，于是只能改坐飞机。明晚从这里出发，计划在后天上午到达芝加哥。飞机票的价格比火车票便宜。

8 月 28 日

现在在飞机上，刚吃完早饭，差不多 1 小时后抵达芝加哥。我的手表显示的时间是凌晨 3 点半，不过加上时差，当地时间应该是早上 5 点半，天差不多已经亮了。飞机在飞行过程中大概颠簸了 15 分钟，之后都非常平稳，分不清是在移动还是静止。机舱内也相当方便，中间是过道，两边各排列着两张座椅，跟火车一样。飞机总共能容下40名乘客，每位乘客的头顶都有一个出风孔，转动旋钮可以调整冷气的方向。飞机上有两名空姐，昨晚10点左右和今天早上给我们派送简餐（包括三明治、咖啡、甜点、水果等）。她们两个人身材高挑，跟花代[1]长得有点像。她们看起来开朗热情（跟日本的女站务员相反），在这边，无论是办事员还是店员，都非常平易近人、和蔼可亲。

在旧金山的时候，图米神父事无巨细地照顾我，真的非常不好意思。图米神父是一位长着娃娃脸、满头白发的老爷爷。他年纪好像挺大了，虽然耳朵不太灵光，不过身体非常硬朗。

——在写信的过程中，飞机已抵达芝加哥上空，马上就要降落了，我刚系好安全带。

8月30日

飞机抵达芝加哥后，角谷来机场接我，真是帮了我大忙。我立刻去见了韦伊，虽然听不懂英语，不过差不多都能明白彼此的意思，也是神奇。韦伊特别淘气，他戴着魔鬼面具从三楼窗户探出脸来，吓了我一跳。他说等到来年2月份，我的英语应该稍微好点，到时候让我来芝加哥讲点课。我住在大学校内的国际宿舍，正如其名所示，这里住着来自世界各地的学生和教授，其中中国人和朝鲜人特别多，还有很多黑人。另外，还有女学生和上了年纪的奶奶级别的学生。这里没有什么礼仪要求，去食堂时不系领带也没问题。

---

1 我东京家里帮忙做事的一个人。

加夫尼（Gaffney）[1]也住在这里，他非常照顾我，跟我说话时好像平川老师（NHK的Uncle Come Come）说英语，每讲一个字停顿一下。即便如此，因为他说的是英语，有时候也听不太懂。我还见到了著名的费米（Fermi）教授，他请我吃了午饭。今晚加夫尼请我和朝永老师去吃了日本料理。

这里的食堂采用自助餐的形式，可以随意挑选自己喜欢的菜，大概每位60美分~80美分。住宿每天2美元（长住的人是1美元），所以每天的生活费差不多需要4美元。

9月4日

前天安全抵达纽约，汤川秀树老师来车站接我，真是帮了我大忙。我乘坐普通列车（非卧铺）从芝加哥到纽约，因此节省了车费，以作其他用途。尽管如此，这里的普通列车还是比日本的二等座高级，所以旅途并没有很累。

昨天在前田阳子家吃了午饭，她是我在船上认识的一个姑娘。在汤川老师家吃完晚饭，然后坐车观赏了纽约的夜景，回到酒店已经超过晚上12点。

到纽约也没什么特别的感觉，好像没有走远。不过纽约的英语比檀香山的英语好懂多了。

在芝加哥的时候，之前提到的加夫尼很照顾我。我出发去纽约时，他说打车太贵，建议我乘电车去车站，于是他抱起我的行李袋，

---

1 一位数学系的学生。

专门送我到车站。不过我们从早到晚待在一起，没什么话题时他总是找我“聊聊数学”，这令我有些无语。

我邀请加夫尼吃晚饭时，一起的还有朝鲜人库克（Cook）、从理化学研究所来芝加哥的田岛，还有一位名叫 Schean 的美国人和他的夫人，席间的交谈相当愉快。Schean 是一名海军，他曾经学过一年的日语，而且特别流利。他不小心用日语对加夫尼说“等会儿我用英语跟你解释”，引得大家哄堂大笑。

9 月 8 日

今天是在纽约的第 6 天，乘坐观光船游览纽约花了 1 天，乘车观光花了 1 天，购物 1 天，今天打算去哥伦比亚大学。我还去参观了著名的华尔街，那里的景象让我惊讶得说不出话来。坐车时经过了黑人住宅区，据说这是一个危险的区域，夜晚一个人在这里行走可能会失踪。不过我只是觉得这一带比较脏乱，其他也没有什么特别的感觉。

最近有点习惯这边的食物了，但是变得非常嗜睡。我每天睡 10 小时左右，却还是有点睡眠不足。我都在自助餐厅吃饭，早饭是每位 40 美分 ~ 60 美分，我一般会点吐司、火腿蛋、咖啡、水果和果汁。午饭和晚饭是 70 美分 ~ 90 美分，我一般会点肉和蔬菜各一盘、面包、水果、咖啡或牛奶。这边的肉非常大块，好像面包才是配菜似的。我基本上吃一片面包就饱了。

昨天在书店发现了托马斯 · 曼的《魔山》（*Thomas Mann: Magic*

Mountain），于是立马入手。虽然比德语版简单，不过里面出现许多不常见的单词，对我来说一页读下来都很费劲。

我明天去普林斯顿，研究院会派车来接，所以我很放心。

前天我趁着空闲时间去时代广场（Times Square，类似东京的浅草）看了电影，片子拍得不错，不过在播放期间竟然有小品和杂技表演，甚至还有管弦乐队为他们伴奏，我当场就惊呆了。大前天的晚上去了中央公园（Central Park。这个公园相当大，从公园的一头走到另一头需要将近一个小时），结果迷路了，我信步走到了音乐堂门口，刚巧碰上乐队演奏，于是我站着听得入迷，没想到突然下起了雷阵雨，我被淋成了落汤鸡。

9 月 10 日

昨天（9 日）抵达普林斯顿，从日本出发至今整整过去了一个月。我赶紧去见了奥本海默和外尔，奥本海默看起来跟照片一样，外尔真人长着一张圆脸，看起来是一个老好人。

因为刚到普林斯顿，所以还不清楚具体情况。昨晚奥本海默邀请我去他家，请我喝了一种叫作马丁尼的酒。被邀请去他家聚会的是这次刚到普林斯顿的新人学者，其中包括 5 位物理学家，数学家只有我一人。马丁尼酒劲儿很足，而且我不会喝酒，又不懂英语，因此不知所措。这边的女性酒量相当好，奥本海默的夫人也喝了很多。最后她貌似喝醉了，一直拉着人说话。奥本海默的夫人是一个不拘小节的人，一开始我和朝永老师都以为她是家里的女佣。

我住在银行街19号，不过来信时请寄到研究院。房子有点像小别墅，一共有5个人住在这里。普林斯顿这座城市小而美丽，无论从规模还是风景来看，都像极了轻井泽。从住所到研究院步行需要25分钟，虽然有直达公交，不过我都尽量走路，当作平时的运动。

普林斯顿的缺点是物价太高，据说衣服比纽约贵一倍，食物又贵又不好吃。日本菜中的“难吃”跟这边食物的“难吃”不太一样，不过都难以下咽。还有一个烦恼是，我不喜欢喝咖啡了。不过我基本都在自助餐厅用餐，所以不需要在意金井清叔叔说的用餐礼仪。叔叔口中的用餐礼仪貌似适用于在最顶级酒店享用最顶级料理的人，与我们这些旅行时住廉价酒店、吃平价食物的人没有关系。

9月16日

来普林斯顿已经一周了，研究院还没有开学，所以也不知道那边什么情况。不过我大致对这座城市有所了解，学着适应这边的生活。英语完全听不懂，而且我也没有使用英语的机会，所以没有办法。这一周，我每天上午10点左右去研究院，研究院里有我专用的办公室，我就坐在房间里看书写论文(房间在二楼，窗外景致不错，天气好的时候非常舒服。研究院周围全是草坪和森林，森林里有两三栋教授们的房子若隐若现)，然后差不多中午12点半去食堂。我经常碰到外尔，跟他打声招呼后，回自己办公室学习到下午3点半。下午3点半或4点左右去公共休息室(一个宽敞的房间)喝茶。午饭需要付钱，不过茶点免费。下午5点或6点回到宿舍，然后去附近的餐馆吃完饭。市内只有5家餐厅，除去高级餐厅和苍蝇小馆，可去的只剩下两家。我一般去比较便宜的那家，所以都在同一家吃饭。饭后稍微逛一下书店，回到宿舍差不多晚上8点，然后洗完澡，看会儿书再睡觉。等到在研究院开专题研讨课时，估计作息会发生改变。

来这里以后发现，英语口音也是各式各样。在研究院，每个人的口音都不太一样。第一代日本人的英语不管多么熟练，发音还是很日式，一听就能听出来。我拜托研究院的秘书伊格尔哈特帮我找个口语老师，结果她告诉我没有必要，慢慢地自然就会了。上街购物或者吃饭时，如果对方听不懂我的英语，会不好意思地反问我，所以我倒也无所谓。在日本的外国人有种高高在上的感觉，所以听不懂英语的话，自己会觉得丢脸。不过来这边以后，美国的服务员到底还是服务员，因此自己英语不好也觉得没什么。

金井清叔叔来过了吗？以清叔为代表的许多人，他们口中的美国故事都是关于那些过着奢侈生活的人，跟我们这些人的生活完全不同。首先他们都不拘小节，饭桌上也是一团糟。其次不用餐巾纸也是谣言，随处可见餐巾纸。而且研究院的卫生间也配有纸巾，反而大家都没有用手帕的习惯。前些日子在研究院的图书馆看到有位教授边看书边挖鼻屎（不是我！）。还有叉子的用法也各有不同，英国人左手拿叉，而美国人用右手。换言之，随便哪只手拿叉都可以。前几天去参加了鸡尾酒会，看到奥本海默的夫人坐在椅子上，向一位芬兰教授展示自己受伤的脚。

9 月 29 日

不懂英语，让我觉得越来越痛苦。专题研讨课还没有开始，所以最痛苦的莫过于午饭和下午茶。刚开始的时候聊的话题比较简单，就问问几时到这边之类的，到后面就没话题聊了。我听不太懂他们在说什么，外尔很爱开玩笑逗大家开心，不过因为我听不懂，所以总在发呆。*Annals* 的九月刊刊登了我的大作（？），大数学家们——外尔、西格尔、维布伦（Veblen）等——纷纷表示对这篇论文很感兴趣。外尔建议我“等下学期英语好点的时候再开专题研讨课”，这让我感到十分为难。前段时间约翰斯·霍普金斯大学温特纳（Wintner）教授来信邀请我去他们学校讲学，我只好回复他说自己最近比较忙，希望能推迟到明年。我花了半天时间写了这封信。不过，秘书伊格尔哈特帮我修改、输入和邮寄，这比在日本时轻松多了。

伊格尔哈特在轻井泽出生，在日本生活到 18 岁，曾经在香兰（你上过的女子学校）任教。她说当时在香兰教唱歌，不知道她听谁说的，她居然知道你曾经在香兰念过书（我猜是角谷说的）。

前几天角谷来了，他是个话痨，一直在聊天。他说英语时比说日语还能说会道。他旁边围了一圈美国人，不过都是他在说，大家听听笑笑，跟我完全不同。

你来信说家里没糖了，我马上给你寄，不过估计一个月才能收到。我在这边的月薪是 250 美元，生活费差不多 130 美元，再怎么奢侈也花不了 150 美元。这边的饭菜价格越贵量就越多（味道却不怎么样，从味道来说，以前我们在银座资生堂、SCOTT 吃过的料理更高级），每天吃饭花不到 3 美元。有时候想买点甜点或者吃冰激凌，不过一个的量就很大，所以只好打消念头。朝永老师月薪 400 美元，他总是在烦恼怎么花掉这些钱。他买了两件外套、一件雨衣、衬衫、内衣、鞋子、袜子、帽子等，从头到脚买齐合计 130 美元左右。不过书很贵，还有生病时医疗费很贵，所以平时也不能随便花钱，一般都会有剩余。

10 月 10 日

前几天吃晚饭时偶遇奥本海默的秘书利里女士（Mrs.Leary），当时她喝了两杯红色的酒，看起来味道不错。于是拜托朝永老师帮我打听酒的名字，然后我们找个机会去尝了一杯，味道不错，不过酒很烈，我自不用说，连朝永老师都有些醉意。然而利里女士连喝两杯依然面不改色。

我在这边的生活已经安定下来，现在住的宿舍好像童话故事的玩具屋，是一栋白色的木制三层楼。我和朝永老师分别住在二楼的房间里，朝永的房间比较宽敞，采光也好，不过现在这个季节天气炎热（现在很热，我关着门，躲在房间的角落写信），有点受不了。宿管阿姨非常热情，不过很可惜，我完全不懂英语。每周一洗衣店会上门收脏衣服，我们提前将衣服装进洗衣袋，下周一就能洗好送回来，甚至连洗衣袋都被熨平折好后还给我们。这座城市很干净，几乎没有什么灰尘，衣服也不容易脏。城市很小，我们能去的餐馆也不过两家而已，而且每天的菜单基本不变，最近我们都有点吃厌了。因为是小城市，所以也没有好吃的甜点，比如绝对见不到期待的奶油蛋糕（在纽约的时候倒吃了一个大蛋糕），唯一的乐趣就是吃生牡蛎。在纽约的时候去了理发店，在普林斯顿也去过一次。我隔天洗一次澡，这边的人不怎么爱洗澡，不过随时都有热水，相当方便。

我在研究院的房间位于三楼，朝西，采光通风都不错，还挺高级。桌子和椅子都是高级货，唯一的缺点是木质椅子，上面没有坐垫（直接坐在木板上）。听说美国人臀部发达，所以不会感觉不舒服。跟大学（东京）的椅子一样，这边的椅子也装有弹簧，不过弹力太强，对像我这样体重轻的人来说没有太大用处。研究院陆续开始上课了，最近我在听西格尔的课，他的课太棒了。西格尔上课语速不快，跟听日语的课程一样容易懂。不过这是例外，前些日子去听了冯·诺依曼的课，他语速超快，什么都没听懂。其实最痛苦的还是午饭和下午茶，大家聊得眉飞色舞，而我却一头雾水，我的英语貌似一点进步都没有。其次痛苦的是，其他大学拜托我去他们那里讲学，远点的话我就回复说现在很忙，希望推迟到明年，不过普林斯顿大学的邀请无法拒绝。于是我只能跟他们解释说自己的英语不好，并且提议大家一起做个专题研讨。由于对方提出讨论我的论文，因此我又不得不出席。大家对于我不会英语都觉得不可思议，经常有人怀疑那篇论文的英语是不是我自己写的，连外尔都这么问过我。

伊格尔哈特是青山学院一个老师的女儿，你应该也认识，今天我跟她提起你以前在青山学院念过书，她听得津津有味。也许她只是觉得意外而已，我做梦都没想到会在这里碰到你的老师。我写完信或论文时，伊格尔哈特都主动帮我输入，顺便帮我修改英语。不过不知道为什么，出现在论文序中的“感谢外尔等”部分由外尔亲自修改。

角谷大概出现了两次，他一讲英语就化身话痨，根本停不下来。虽然他会帮我翻译，不过他总是自己加内容，弄得我好像无所不知似的，这让我十分为难。

我最近在写新的论文，这次篇幅不长，应该很快就能完成。

后来我去见了诺依曼，他有一种商人的气质，对谁都非常客气。韦伊与他的性格刚好相反，再后来还见到了哈佛大学的贝格曼（Bergmann）。这个人特别热情，一见面就跟我大聊数学，我有点被他吓到。而且他一个劲儿地邀请我去哈佛讲学，因为盛情难却，只好答应。

10 月 14 日

英语交流中，发音和语法如何倒无所谓，关键是会不会说。吃午饭的时候，经常听到有人淡定地说出类似 understanded 这样的词汇，但我无论如何都说不出口。

瑞士的著名数学家德拉姆目前在哈佛大学交流，他给我写过两次信，信中经常会出现一些奇怪的句子，比如：“I didn't knew your paper. I am very glad to can read your paper.”等。既然这样表达也没关系，那么凭你的英语水平，来这边生活应该不成问题。伊格尔哈特到现在还非常亲切可爱，至于长得漂不漂亮，首先她脸上完全没有岁月的痕迹，所以我也说不上来。好像已经到了当奶奶的年纪，看起来又好像还挺年轻。请务必给她写一封信，她帮了我很多忙——书信输入、论文输入、银行的手续，等等。伊格尔哈特的英语最容易听懂。我给她看了轻井泽的照片，她非常激动，不过她已经不记得你学校的事情了。

你想要的东西等我去纽约买好后再寄给你。本来打算明天去的，不过外尔邀请我参加酒会，所以临时取消了。对我来说，鸡尾酒会最难对付。

试着记录今天的流水账，首先上午 8 点起床，剃胡须、洗脸、换衣服一共用了 45 分钟，然后出门吃早饭，点了玉米片、牛奶和咖啡，总共花了 30 美分，我发现这个搭配最完美。吃完早饭差不多上午 9 点，接着步行去研究院，到达时将近上午 9 点半。西格尔的课从上午 9 点 40 上到上午 10 点 40，西格尔的语速很慢，课上得非常好，连我都很容易听懂，有时都忘记这是英语授课。课后去西格尔的办公室拿小册子，顺便闲聊十分钟。我以前应该提到过，西格尔人很好，而且非常耐心地听我说话。上午 11 点 15 到上午 12 点是外尔的专题研讨课，今天是第一次课，外尔看起来心情不错，不过他语速太快，有好几处我都听不懂。下课后去食堂吃午饭（忘了吃了什么，总之花了 1 美元），后来外尔走到我身旁坐下跟我共进午餐，他还问我：“你的英语有没有进步？”过了一会儿旁边围了一群数学家，外尔一直在讲话，不过我完全不知道他在说什么。饭后，我坐公交车去了普林斯顿大学，下午1点20到下午2点10有专题研讨课，内容是关于我的论文。今天是第一次课。斯宾塞教授非要开一个专题研讨课讨论我的论文，所以我得出席。既然是专题研讨课，我原以为只是看我的论文而已，结果让我向在座各位讲解论文，跟上课没两样。这真是出乎我的意料，讲了一个小时，筋疲力尽。回宿舍的路上在药店买了一瓶冰激凌苏打水，花费20美分，喝完才缓过神来。回到宿舍继续写论文，下午5点半的时候去吃了晚饭。今天真是累坏了，所以我奢侈了一把，点了生牡蛎（蘸柠檬汁）、鸡肉沙拉和红茶，这份套餐花了2美元。晚饭总共花了3美元30美分，今天是特殊情况，平时差不多就1美元到1美元50美分左右。吃完晚饭回宿舍洗澡，现在正在给你写信。只有今天既有专题研讨课又上课，平时比较清闲。

10月28日

这边的生活已慢慢步入正轨，因而略感单调，最近突然感觉时间过得特别快。今天我本来有课，不过由于某个原因停课了，有点幸运。他们打电话给伊格尔哈特，让她转告我停课的消息。伊格尔哈特用英语讲完后回去了，不过她担心我没听明白，于是过了一会儿又跑来用日语问我："你有没有听懂刚才我说的话？"

这个星期，我一直在奋斗论文。另外还发生了两件奇妙的事，一件是我跟西格尔（大数学家！）提了提现在正在写的论文，没想到他说："我非常喜欢你的公式。"（I like very much your formula.）另一件是我花了一个晚上的时间解出了印度数学家拉马纳坦（Ramanthan）出的一道题，把他给蒙住了。仅此而已。来这边以后，我发现除了一些大数学家特别厉害之外，其他绝大多数人都不是我的对手。不过，普林斯顿高等研究院的大师的地位毋庸置疑，朝永老师害怕奥本海默跟初中生害怕校长似的，他说睡觉时曾梦到被奥本海默责骂。首先奥本海默的声音很洪亮（好像用梵语诵经一样），其次（我几乎没有跟奥本海默单独说过话，这都是朝永老师描述的）奥本海默在日常会话中也经常使用复杂的英语和委婉的措辞。从地位上来看，外尔比奥本海默更胜一筹，不过他平时总是眨巴着他那棕色大眼睛，说话时笑眯眯的，反而不叫人害怕。他总爱取笑我英语糟糕，笑着对我说："等下学期英语好点的时候再开专题研讨课，哈哈哈……"外尔总是一副无比欢喜的样子。

11 月 4 日

离上次给你写信已经过去了一周，最近深感时间飞逝，什么都还没做，一天就结束了。这个星期终于把论文写完了，我把论文拿给外尔过目，得到了很大的称赞。

今天是星期五，我刚好有课，现在差不多适应了上课的节奏，不会感觉太累。学生的提问让我有些头疼，我总是得反问两三遍才大致明白他们的意思。

上个星期六我去了纽约，到了以后先去吃了早饭，然后找擦鞋匠擦了皮鞋，接着去了理发店（纽约的理发店比普林斯顿的便宜，很不可思议），最后去了常去的商店买了寄往日本的物品，顺便给自己买了冬装外套，外套花了 20 美元。在店里偶然碰到了汤川秀树老师一家，于是大家一起去吃了午饭（朝永老师在我理发期间去拜访了印度物理学家霍米・巴巴（Homi J. Bhaba），对方邀请他明年去塔塔社会科学研究院交流，朝永老师正发愁如何拒绝邀请）。饭后我独自去了数学学会，在这里见到了以谢瓦莱（Chevalley）为首的一大批数学家。跟日本一样，在走廊上闲聊的人比起听演讲的人多得多。回来后和以角谷为首的 10 名年轻数学家一起吃了晚饭，不过我完全听不懂大家在谈论什么。

汤川秀树老师这次荣获了诺贝尔奖，我和朝永老师打算明天去为他好好庆祝一番。

11 月 5 日

今天早上 7 点起床，和朝永老师一起去了纽约，首先去汤川秀树老师家登门拜访。获得诺贝尔奖好像是很隆重的事情，汤川老师昨晚与日本各界通话到凌晨 2 点，早上起来时他一脸困意。我们聊了很久，然后在汤川老师家吃了午饭，离开时已经下午 3 点，走到上次定做外套的店铺时已经将近下午 4 点。在这里碰到了日本每日新闻的记者，他还请我们吃了晚饭。他一个劲儿地提各种要求，比如建议朝永老师、汤川老师和我一起办个座谈会。不过朝永老师完全不为所动，最终没有达成共识。汤川老师倒是对上报纸没有什么抵触，但是朝永老师却非常不喜欢。回到普林斯顿时已经晚上 8

点了，每次去纽约回来都感到十分疲惫，也许是因为那里的空气不太好。

这两天突然变冷了，这边的天气忽冷忽热，绝对谈不上是好天气。不过室内很暖和，只要不出门，就感觉不到寒冷。研究院房间的暖气特别足，温度总是自动调至22摄氏度左右（不穿外套刚好），这可比日本舒服多了。

汤川老师心情很不错，好像是因为有幸与艾森豪威尔（Eisenhower，哥伦比亚大学校长，第二次世界大战期间盟军欧洲的最高指挥官）合影，他还出演了电视节目。不过至于如何使用3万美元奖金，汤川老师貌似伤透了脑筋。

今天是星期天，我睡了一个懒觉，起来吃了一个早午饭。出门散了一会儿步，不过寒风阵阵，让我感到不太愉快。晚上跟朝永老师两人小酌两杯以庆祝汤川老师获得诺贝尔奖。朝永老师好像喝多了，一个劲儿拉着我讲他自己在德国时的见闻。

11月7日

今天睡了会儿懒觉，眼看着要赶不上西格尔上午9点40的课，赶紧起床准备去吃早饭，结果碰到了“埃及”[1]。因为这座城市很小，所以总是能碰上熟人。于是我就顺便蹭“埃及”的车去研究院。西格尔的课越来越难，因此来听课的人也越来越少，这跟日本的情况相似。论文完成后，我开始闲下来了。今天午饭吃了三明治、汤、

---

1 来自埃及的数学家多斯（Doss）。

蛋糕和牛奶，研究院的饭味道不是很好，我最近发现这是最好的搭配。到了下午5点半，我坐公交回到市里，晚饭吃了沙拉（蔬菜和鸡肉）、汤和冰激凌，饭后直接回了宿舍，现在刚刚洗完澡。

11月9日

5日寄出的信已经收到，这次速度真快。最近我频繁给你寄信，却不怎么收到回信，甚是奇怪。还是因为时间过得太快，只是我自以为很频繁，实际上中间隔了很长时间？

虽然你很担心发生交通事故，不过在这边走路时绝对安全。在日本的话，人比车多，所以车好像是“特权阶级”，行人必须让车。不过在这边车比人多，所以行人才是“特权阶级”，我们在过马路时，车（与红绿灯无关）都会停下来礼让行人。所以在这边走路比在日本时轻松很多，不过在乡下，路上基本看不到行人，只有狗在大叫，特别可怕。在这边，红绿灯和交通巡逻都是为了行车秩序，行人基本属于自由通行状态。

今天收到了韦伊来信（我给他写信，他给我回信）。信开头的寒暄语是：“我觉得你的公式非常有趣。”（Your formula is very interesting，I think.）这些东西可是我的看家本领。

奥本海默家在这个星期六举行鸡尾酒会，酒会上有奥本海默最喜欢的马丁尼酒。这边的酒味道都不错，所以我不是勉强自己喝酒。

11月13日

昨天在奥本海默家举行了鸡尾酒会，到了以后发现几乎整个研究院的成员都来了，差不多100来人。反正椅子也不够，所以大家都站着喝酒聊天。参加酒会的人如此之多，没有人会注意你在哪里做什么，对我来说很是自在。我一直在跟个子不高的印度数学家拉马纳坦聊天，因为他不爱喝酒，所以只能跟别人聊天，一脸无聊的神情。到了晚上7点左右，我到处找朝永老师，打算跟他一起回宿舍，发现他躲在一个角落狼吞虎咽地吃下酒菜（鸡尾酒会以喝酒为主，一般会提供下酒菜配酒）。他的意思是："回去以后再去吃饭很麻烦，还不如在这里吃点再回去。"

准备离开时贝特曼（Bateman，夫妻二人都是数学家，而且均为研究院的成员）过来跟我说了一些话，我猜大概意思是顺路开车送我们到市里，就邀请朝永老师一起坐他们的车走。结果，我们被他们带去家里，还准备好晚餐开始第二场聚会。当时一共聚集了10人，大家聊得眉飞色舞，可我却听不懂他们的聊天内容。于是我闲着无聊，就一直坐着弹钢琴。回到宿舍已经是晚上12点半。

今天是星期天，与往常没什么不同。不过最近普林斯顿新开了一家中餐馆，今天去尝了一下味道。虽然味道还可以，不过有点美式，根本比不上在日本吃过的中餐馆。

英语完全没有进步，我也慢慢适应了不用说话的环境，不过还是觉得应该学学会话。主要在这边即便不会英语，生活上也没有什么不便，反而有种为了学英语的感觉。讨论数学时，只要凭借公式和蹩脚的英语基本都能交流，除此之外主要是闲聊，不过听不懂也没有什么太大的关系。

11月19日

这次的论文多达30页，不过外尔和西格尔都表示很感兴趣，看来写得相当不错。现在，我正在努力搜寻其他的大发现。

这个星期参加了两次聚会，一次是在谢尔曼（Scherman）家里举行，他很年轻，所以邀请了一些年轻男士聚在一起喝酒。那天晚上从10点开始，到凌晨1点才结束。另一次是在莫尔斯（Morse）家里举行的茶会（下午5点到晚上7点）。莫尔斯老师是一位满头白发的老爷爷，而且弹得一手好钢琴（比我弹得好多了，而且记忆力非常好）。他把其他客人扔在一边不理，拉着我四手联弹。莫尔斯老师甚至没有合奏的曲谱，总是拿出巴赫管风琴的曲子让我弹低音部，或者拿出钢琴和小提琴的合奏曲谱，让我演奏小提琴的部分。因此害我没有喝茶吃点心的功夫，一直饿着肚子。

这两天的天气越发寒冷，即便穿着冬装外套出门，在室外待一会儿就浑身发抖。

11月21日

今天进入本次大发现的最后环节，如果完成，这将会成为我目前最成功的论文（奇怪的是，非但我的英语没有进步，反而还忘记了不少日语汉字，因此有几处使用了假名）。

昨天朝永老师去参加了汤川老师的庆功宴，虽然他在庆功宴上认识了不少日本人，不过他说每张脸看起来都一样，根本分不清谁是谁，并且为此感到发愁，他现在特别想回日本。

11 月 23 日

贝格曼（Bergmann）邀请我去剑桥市（哈佛大学所在地）。从普林斯顿坐火车到纽黑文（New Haven）差不多要 3 小时。我先去纽黑文见了角谷，然后角谷、我和 3 名年轻的美国学生一起开车去剑桥市（其中一个学生开车），大概又用了 3 小时。车速平均限速 50 千米每小时，最高限速 80 千米每小时，稍微出点错的话后果不堪设想，还好这边的人早已习惯，所以也很淡定。车速开到 80 千米每小时时，角谷对我说："美国每年死于交通事故的人多达 5 万人。"开车的学生以前随军队在日本待过一段时间，他说这一带的风景跟山手线的几个地方非常相似。

到达剑桥市时已经是晚上 7 点，我们吃了中餐，差不多晚上 9 点左右到了贝格曼的家。我现在在他家附近的出租屋给你写信，计划在此地待上一周或 10 天左右。贝格曼教授来自波兰，他说英语时语速很慢，对我来说正合适。而且他为人十分热情，刚到他家就跟我们聊了一小时数学。

11 月 25 日

昨天刚到时去拜访了贝格曼，然后跟他聊了 3 小时的数学，接着又跟角谷一起拜访了一位年轻数学家，还在他家蹭了一餐。这边的年轻数学家生活也并不宽裕，所以不是请我们吃什么大餐。这家的话，夫妇二人都是数学家，他的夫人光做饭、吃饭就累得够呛，饭后什么都不做。他和角谷去厨房洗碗，结果从厨房传来“哐当、哐当”的声音。之后我们几个又一起去了安布罗斯（Ambrose）家参加聚会，大概聚集了有 10 人左右。请我们吃饭的夫人和另一位夫人都来自巴勒斯坦，所以她们一直在用希伯来语聊天。回到住处时已经深夜 12 点半，疲惫不堪。

12 月 2 日

来哈佛已经一周了，我打算明天回普林斯顿，在这里见到了许多数学家。我们去了安布罗斯家两次，安布罗斯是角谷的朋友。他好像很喜欢吊儿郎当的样子，所以经常松开领带，一副邋遢的模样。阿尔福斯（Ahlfors）是芬兰的伟大数学家，他曾经请我吃过一顿饭。德拉姆，就是那位今年 9 月从瑞士来的人（客座教授），他是一名登山家，虽然英语讲不流利，不过确实是运动员的性格，非常开朗。他很少聊到数学，尽在讲一些废话，他请我吃过两次饭。德拉姆的研究领域跟我一样，他在明年 2 月会来普林斯顿。莫特纳（Mautner）出生在奥地利，我昨晚在他家吃了晚饭。他好像对我的论文很感兴趣，问了我很多相关的问题。邀请我的贝格曼教授是波兰人，他精通英语、德语、法语、俄语和波兰语，不过英语发音非常奇怪。听说他的家人被纳粹杀害，让我有点不寒而栗。空闲的时候就跟贝格曼教授谈论数学，从上午到晚上10点，累得精疲力竭。他特别热情，对数学十分入迷。他对我说：“您是我的客人。”（You are my guest.）然后热情款待了我，我非常感谢他。

这里数学家之间的关系很近，比如出身波兰，好像给人一种出身长野县的感觉，伟大的数学家以外国人居多。出生的国家不同，英语的发音也完全不一样。贝格曼老师不太擅长用英语写作，他配有两名秘书，只要跟秘书简单讲述想要表达的内容，她们就会用流利的英语帮他写好。

12月6日

很快就到了必须制订明年计划的时候，外尔问我有没有再待一年的打算。于是我就拜托他说，如果再待一年，我希望能邀请家人来美国。外尔说支付给成员的薪水等事宜是由奥本海默负责，不过他会尽量帮我争取。由于明年要举行国际数学家大会，需要邀请许多人赴美，因此研究院的资金不太充足，现在暂时还无法确定。

我在这边的生活不存在任何经济困难，今天收到了哈佛寄来的10天差旅费，竟然有89美元。我只支付了车费和住宿费，共计25美元，吃饭都是别人请客（即便是在普林斯顿，10天也需要花费25美元），所以有点儿不太好意思。

12月12日

外尔告诉我说可以再留一年，不过研究院最多只能付给我4000

美元，所以邀请家人赴美的可行性很低。虽然很遗憾，不过也没有办法。研究院规定，原则上要求外国年轻人待两年，大数学家一般待一年或半年就能回国。朝永老师属于大数学家待遇的那一类，因此他只需待一年，而我属于年轻人，因此需要待两年，而且最多只能付给我 4000 美元。正在构思的论文比想象中的要难，真是绞尽脑汁。

12 月 19 日

前段日子去纽约时，受到白户 masa 的邀请，在她家吃了一顿饭。白户是我小学的学妹，比我低一年级，是青山士的长女，曾经住在落合。她的丈夫是第二代日裔，现在是哥伦比亚大学的日语老师。她家有个 5 岁的儿子，一直用英语跟我说话。他好像不知道我不会英语，虽然他跟我说了很多，然而我不知道如何回答，他感到非常无奈。他仅用几个常用的单词和简单的句子就能表达各种想法，让我非常佩服。

朝永老师在两三天前去纽约看牙，今天收到他的明信片，上面写着如果他把牙齿全部拔掉的话，看起来像是一个 80 岁的老爷爷。我明天打算去纽约和“80 岁”的朝永老师，以及曾在芝加哥非常照顾我的加夫尼一起吃午饭。

请给伊格尔哈特写一封信，英语不好也不要紧，我经常用英语写完信后请她帮我修改，不过仅有几处被修改而已，弥永老师被修改的地方比我多得多。

这个寒假，外尔去了欧洲。上个星期一吃午饭时碰到他，当时他慢悠悠地在食堂吃饭，跟我说今天下午 2 点出发。他看起来非常轻松，就像我们说“等会儿去趟热海”一样，而且没有人去机场给他送机。

12 月 30 日

我 24 日来了纽约。

25 日收到日本料理店“都”的老板邀请，在他店里吃了火鸡。当时聚集了 30 个日本人，十分热闹。朝永老师喝得烂醉，不过事后问他，他大笑着说自己什么都不记得了。他约了很多人吃饭，结果全都忘了。

数学学会的年会于 27 日、28 日、29 日三天在哥伦比亚大学召开，我每天中午都去听演讲，不过只有阿尔福斯的演讲有趣易懂。这里的学会跟日本一样，在走廊闲聊的人比来听演讲的人多，27 日还举行了茶会，来学会参加年会的数百人都挤在一个小房间（站着）喝茶，跟满员电车似的。只有两位大教授的夫人帮我们倒茶，大家都排队等待。当时见到了谢瓦莱的夫人。

29 日晚上，我与大林、樱井、朝永以及另外一位不记得名字的日本人在日本料理店“都”一起吃了寿喜烧。大林是毕业于早稻田大学的建筑家，樱井还是一位 16 岁的少年，目前在念高中，他在这个暑假独自一人赴美，勇气可嘉。这位樱井说他小时候就住在我们家斜对面，太巧了。感觉纽约出乎意料地小，总能遇见熟人。

今天在夏威夷认识的岛本（第二代日裔，物理系的学生）来拜访我，我们一起看了正在上映的电影《赛门和黛利拉》（改编自《圣经》的故事）。早在9个月前，我就见识到了电影院还配有管弦乐队，不过今天去看电影时发现原来还有管风琴。电影放映期间，竟然还有管风琴弹奏爵士乐的表演，看得我目瞪口呆。

1950年1月3日

今天我刚回到普林斯顿。

我在纽约过新年，1日上午10点，我与朝永老师、岛本三个人走出酒店准备吃早饭，发现平时常去的自助餐厅今天停止营业。好像大家都在元旦的上午睡懒觉，街上非常安静，基本看不到往来的车辆（反而31日晚上街上人山人海，直到半夜2点还很热闹）。好不容易看到一家药店，我们在那里喝了咖啡、吃了糕点，接着去汤川秀树老师家拜年。汤川老师请我们吃了年糕汤，还给我们展示了诺贝尔奖的奖牌和证书。金牌直径长约10厘米，纯金打造，特别漂亮。证书由羊皮纸制成，比大学的毕业证书气派多了。我在这里见到了同盟通信的岩永（金井清叔叔的熟人）。到了下午2点半，我们一起前往卡耐基音乐厅，曲目分别是（i）Clapp戏剧序曲、（ii）勃拉姆斯的第四交响曲、（iii）哈恰图良的钢琴协奏曲。乐团指挥是米特罗普洛斯（Mitropoulos），钢琴演奏者是奥斯卡·莱文特（Oscar Levant），其中最有趣的要数钢琴协奏曲。岛本说虽然莱文特属于三流演奏者，但也特别了不起。音乐会结束后与岛本分别，我和朝永老师两个人一起吃了晚饭。饭后去看了电影《硫磺岛》(关于硫磺岛战役的电影)，回到酒店时已经过了深夜 12 点。

2 日中午在白户家吃了年糕汤和寿司，我试弹了哈恰图良的钢琴协奏曲，曲子很复杂，所以弹得乱七八糟。晚上在一位日本人(不记得他的名字了)家里吃到了日本的正月料理，当时聚集了朝永、我、角田(哥伦比亚大学日本相关的教授，他已经 70 岁了，不过看起来只有 60 岁)、大林(年轻的建筑家)、塚田("都"的老板)以及一位忘记姓名的人士，大概是一位医生(治疗癌症的专家，从 1905 年赴美至今)、这家的主人及其夫人。这位医生的日语差不多忘光了，感觉讲起日语来特别吃力。

3 日(今天)去买了鞋，然后去平民区的大书店逛一逛。因为坐了好长时间的公交，所以有些不太舒服。我乘坐下午 5 点的火车回到了普林斯顿，现在刚洗完澡。

1 月 4 日

今天到研究院一看，发现收到了 3 封信，日期分别是 18 日、22 日和 27 日。

只有 4000 美元的话，你们来美国的事情就有点悬了。路费每人至少需要 600 美元 ~ 700 美元，欧洲到这里的单程机票是一人 200 美元(从这里飞到旧金山的价格与飞到欧洲的价格差不多)，所以他们邀请家人过来稍微比较容易，而到日本的机票却贵得离谱。如果外尔能再帮我多争取 2000 美元就好了，不过像他这样的老人家深感一年很短暂，只不过是多待一年而已，他觉得为了一年的时间而特地从日本邀请家人赴美实在太过麻烦，而且也很费钱，所以他也没怎么放在心上。

原以为这个正月吃不到年糕汤，结果却吃到了在日本也很难尝到的美味佳肴，纽约果然不愧是国际大都市。不过因为暴饮暴食，朝永老师不幸感染风寒，腹痛不止，打不起精神。我没怎么喝酒，所以也没有哪里不舒服。也许之前我有跟你提过，朝永老师拔掉了所有牙齿，装了假牙，一下子年轻了许多。他装上美国产的假牙后，似乎日语变差了，而英语却突飞猛进。而且，这边假牙的价格竟然高达 250 美元！不过假牙的舒适度似乎欠佳，朝永老师也很无奈，他带着译员（？）去看牙医，让译员帮忙解释“这个地方不太舒服”，估计镶牙过程也不太顺利吧。

今年的天气异常暖和，特别是今天，热得让人受不了。我关了暖气，只穿一件衬衫，依然觉得很热。不过这边的天气阴晴不定，搞不好明天会气温骤降。

请给伊格尔哈特写一封信，即便英语不熟练也不要紧。我在圣诞节送了一块包袱皮儿给她，她高兴极了。

如果我能像角谷那样在某个学校谋一份教职，那么你就可以来美国了，不过这有点难。因为在学校工作需要掌握流利的英语，角谷是一个英语流利的话痨，就连美国人也不及他能说。前些日子参加年会时，他奔走于大家之间，跟所有人都能聊天，让我看得眼花缭乱。我绝对没有这种本事。

1月5日

即便到了新年，在普林斯顿依然感受不到新年的气氛。朝永老师感冒了，这个星期完全没有精神，让人看着心疼。不过宿管阿姨贴心地为他准备早饭和晚饭，顿感安心。身为陪同的我也有幸一起蹭饭。宿管阿姨的丈夫是在第一次世界大战中不幸战死。可惜的是，我听不懂宿管阿姨说的英语。

自从正月在纽约尝到了日本料理，回到普林斯顿后特别想吃日本料理，特别是听你说了东京正月的情形，感觉口水都要流出来了。前些天给韦伊老师写信，向他汇报了我的大发现（？），结果前天收到了他的回信，内容很长，在这里跟你分享一下开头和结尾部分。I owe you some apologies for not writing you earlier about your interesting results;but,before doing so,I wanted to see whether I could verify them by my methods, ...（中间有三页）...Perhaps you can deduce this from your formulas.If there is anything in this letter which can be of any use to you in writing up your results,please feel quite free to use it.Let me know if you can answer questions A and B,or if you know of anything in that direction.I shall be very glad to hear of any further results which you may obtain on this subjects. 跟其他人的评价相反，韦伊这个人其实特别热心（不过这不能向其他人宣传。我在二号跟木下提了自己的大发现，在此就不赘言了）。另一方面，我迟迟解决不了韦伊所说的问题 A 和 B，非常痛苦。

之前就听说爱因斯坦有个大发现，而且前几天的纽约时报对此也大肆报道，不过这边的年轻物理学家们却没有特别关注，主要是爱因斯坦所研究的问题多少有些过时，现在的年轻人基本没有从事相同的研究。今天去研究院的路上碰到了爱因斯坦，他跟一位名叫哥德尔的数学家（超级大天才，不过是个讨厌与人见面或交谈的人）一边走一边用德语聊天。

1 月 15 日（？）

昨天收到了 11 日（邮戳）的信件。

研究院还处于放假状态，才来了半数的成员。最近倒没有什么新鲜事，就是自从上次生病以来，朝永老师变得有些胆怯，思乡之情更重，一直说想回日本。这多多少少也影响到我的情绪。朝永老师总是说“厌倦了这边的食物”“好想把鞋脱了光脚”“好想一直用日语说话”“失去了神通力”，等等。最后这个“失去了神通力”的意思是没有涌现任何新的好灵感。其中我最能感同身受的要数“厌倦了这边的食物”。这边的食物的确营养丰富、容易消化，从理论上来说无可挑剔，不过近来对它出现了厌倦情绪，而且这种情绪越来越强烈。上个星期六在后藤家吃到了乌冬面，特别美味。遗憾的是胃好像变小了，没法儿像在日本时那样胡吃海喝。最近在餐厅吃到的美食只有蔬菜汤和番茄汁。

东京很冷，这边却热得离谱，听说今年很反常，大学校园里棣棠花开得特别灿烂。

之前听了哈恰图良的钢琴协奏曲，其主题如下，

etc. 速度为♩=120。哈恰图良实在有趣，不过也许你不会喜欢（因为他的音乐有点吵）。

为了这次的论文，我正在绞尽脑汁地思考韦伊给我出的难题。毕竟韦伊也无从下手，所以进展不太顺利。

国内的报纸和杂志频繁报道朝永老师乘坐三等舱来美的事情，朝永老师知道后十分生气，愤慨地说到“日本人总在意这些毫无意义的事情”。

1月22日

今天是星期天。

最近越来越不喜欢吃西餐，昨天刚和朝永老师一起去后藤家蹭饭。他家还来了一位客人，我们一直聊天，回到宿舍都已经凌晨1点了。

昨天收到了外尔老师从瑞士给我寄来的信，有点像圣诞贺卡。你猜贺卡上写了什么？ Mrs. Ellen Baer and Mr. Hermann Weyl take pleasure in announcing their marriage. January 1950。一开始我没看明白，反复看了两三遍后，既惊讶又佩服。外尔今年应该有65岁，我很期待他会带个什么样的妻子回来。

听秘书利里女士说，外尔的前妻是一个大美人，因身患癌症而去世（前年夏天）。

最近染上了睡懒觉的毛病，今天早上起来时都中午 12 点了。晚上却总是熬夜到凌晨 2 点或 3 点。到了 2 月，研究院也差不多要开学了，我得赶紧练习如何早起。今天出门吃午饭的时候碰到了普林斯顿大学的斯宾塞教授，于是就跟他一起共进午餐。他客套地夸我说英语好像进步了，我听着有点无语。

最近有人给我送来日本的报纸和杂志，我看得津津有味，连广告都仔细看了一遍（这是熬夜的原因所在）。

朝永老师仍然沉浸在思乡的情绪中，他每天精神萎靡，总是把日本挂在嘴边。我劝他说："如果在回日本前没有得到奥本海默的赞叹，会留下遗憾的。"朝永老师悻悻回道："吃不到米饭的话，就产生不了好想法啊。"

1 月 29 日

今天是星期天。我们又去后藤家蹭饭了。

这次角谷也出现了，我们之前还奇怪怎么最近都见不着他，原来他不小心从楼梯上摔下来，腿受伤了。不过他的精神劲儿跟往常一样。周炜良（Chow，中国人）从巴尔的摩（Baltimore）来这边演讲，结束后他、角谷和我三个人一起去吃了中餐。周比角谷还健谈，角谷边点头边认真地听他讲话。

这个星期主要思考韦伊提出的难题，感觉最后的部分即将呼之欲出。一旦完成的话，应该会是一篇精彩的大论文。前天我以为自己彻底解决了这个问题，正打算给韦伊写信，结果发现有一处有点问题，然后在昨天和今天仔细地思考了一下，现在差不多彻底明白了。

终于找到了弥永老师托我买的书，我马上就会寄出。这边的书店和日本的书店不同，店内不会摆放艰涩难懂的著作，所以买起来比较费劲。你见到弥永老师时帮我转交给他。

暖和的天气还在持续，这让我有点受不了。据说这是极罕见的现象。

伊格尔哈特告诉我说，她收到了你的来信，不过关于信的内容，她只字未提。

最近买了几本英语小说，有《福尔摩斯探案全集》《月亮和六便士》《汤姆叔叔的小屋》等，不过我看不下去。这些通俗小说特别便宜（与数学著作相比），可我不但看不下去，而且看了也不觉得有趣，所以把它们丢在了一边。《月亮和六便士》虽然简单易懂，不过我看起来没什么感觉，还是中野好夫的日译本比较有趣。

今晚跟角谷聊了一晚，他说日语的时候跟以前一样稳重，我感到非常安心。

2 月 5 日

从这个星期开始，研究院陆续开学了。外尔、西格尔、德拉姆、小平四人共同合作的专题研讨课在星期五上了第一次课，由外尔率先开讲。下一次课应该还是外尔来上，轮到我应该比较后面了。

星期五晚上，纽约的白户邀请我去他家吃饭。

解决了韦伊提出的难题后，我给他写了信。目前我准备先休息一段时间。

在纽约见了关西配电的董事，这个人是冈洁（Kiyoshi Oka）的同学，跟我聊了许多冈洁的事情。听说冈洁曾经收到法国数学家亨利·嘉当（H.Cartan）的邀请信，结果他却说："嘉当怎么可能理解我的数学。"随手将邀请信扔进了垃圾桶。冈洁在这边非常出名，很多人都问我："冈洁最近怎么样？"不过他在日本至今未被大家认可，实在可惜。

2月7日

外尔的夫人还没出现在普林斯顿，说是从欧洲来这边的手续非常繁琐，即便已经结婚，也不能马上随外尔过来。外尔的夫人是物理学家贝尔（Bear）的前妻，他们很早以前就认识了。而且，这位夫人有一个成年的儿子，所以她应该是一位老太太。泡利（Pauli，曾获得诺贝尔奖的物理学家）从瑞士过来时，手续上就出现了一些问题，结果比计划时间晚了两个月。

今天德拉姆（研究领域与我的相同）出现了，我们曾经在哈佛见过。

2月16日

我打算学习芝加哥田岛的智慧，在封条上写日记（？），等写满以后再寄出。

今天上午从9点40分起有专题研讨课，虽然很困，不过我上午8点30分就起床了，然后赶上了上午9点30分的公交，到研究院刚好上午9点35分。在日本的话，如果通知说上午9点40分，一般是上午9点50分才开始。在这边的话，虽然通知说上午9点40分，但是外尔老师在上午9点30分就会出现在教室，他边在黑板上写公式，边盯着时钟看，指针一旦指向上午9点40分，就马上开始上课，爱睡懒觉的人可能会不太适应。专题研讨课于上午11点结束，碰巧今天从上午11点起有爱因斯坦的课。不过一旦对外公开爱因斯坦开课的话，想必定会人潮涌动。因此，宣传栏上只写了“上午11点开始有课”的信息，既没有标出上课内容，也没有提到授课教师的名字。研讨课上我听到学生在小声地口头互传说：“上午11点开始有爱因斯坦的课，不过要保密。”课堂上，身穿底领短夹克的爱因斯坦出现在了大家面前，他自言自语地开始在黑板上写公式。刚开始听不清他嘴里念叨着什么，仔细一听原来是在用德语口音的英语读公式中出现的文字“A”“B”“C”……偶尔忘记英语单词时，爱因斯坦就用德语说，例如transponie，然后个别听讲者就会提醒他英文是transpose。爱因斯坦的课在上午12点半下课。正午过后，我在自己的房间给韦伊写信，在信件填写公式。晚饭后，我跟朝永老师一起去看了电影，回到家时差不多晚上9点。

2月17日

今天起来时就已经上午10点了，然后乘坐上午11点的公交去了研究院，发现收到了你和弥永老师寄来的信件。之后我去找一位名叫梅里特（Mrs. Meritte）的老太太（或者说是阿姨，她是研究院历史学院某位教授的夫人）补习英语（从上个星期五开始）。上午 12 点半回到了研究院，午饭点了汤、三明治和牛奶。下午 2 点的时候又乘坐公交去了普林斯顿大学，从下午 2 点 15 分到下午 3 点 15 分讲完课（基本上毫无进步，也是不可思议），打算悠闲地散步回去，结果有人突然在背后喊我，原来是博赫纳（Bochner），虽说我们是第一次见面，我竟然一眼认出了他。他问我冈洁现在在哪里？我告诉他在京都，他又突然问我冈洁的论文正确吗？貌似博赫纳没看懂冈洁的论文。我在街上吃了冰激凌，喝了咖啡，回到家差不多下午 4 点半左右。晚饭点了鸡肉咖喱饭、冰激凌和茶。刚洗完澡，现在正在给你写信。

另外一位秘书布莱克（Miss Blake），一位老太太，因感冒请假了一个星期，所以伊格尔哈特最近忙疯了。给韦伊回信的输入工作也因此晚了两个星期，明天终于可以寄出回信了。

2 月 19 日

昨天是星期六，今天是星期天，因此我正好有借口睡懒觉。昨天我坐了 30 分钟的公交去了隔壁城市特伦顿（Trenton）看了迪士尼动画（电影）。

2月20日

星期一。今天妖风阵阵，是至今为止最冷的一天。晚上有些困意，倒头就睡，今天暂停写日记。

2月21日

今天上午10点才起床，匆忙吃过早饭，赶着上午11点的公交去了研究院。有一位生于法国的千金小姐莫丽特（Morette），她是一位物理学家，跑来问我问题，让我有点招架不住。其他也没别的事，就在研究室看了一天西格尔的论文。虽然今天不刮风了，不过天气还很冷，一出门，感觉寒意渗入骨髓。晚上和朝永老师一起吃了晚饭，我们点了汤、小牛肝、茶和冰激凌。

今天回来时碰到了印度数学家密特拉（Mitra），他说普林斯顿的食物价格偏高。我深表同感！密特拉体格健硕，如释迦牟尼般稳重，性格与小个子话痨印度数学家拉马纳坦完全相反。埃及数学家多斯最近貌似挺闲，每天上午在休息室（喝茶的房间）看报纸。

2月22日

今天没赶上上午11点的公交，所以待在宿舍学习。今天的天气很糟糕，雨雪混杂，路上结冰，走起来特别滑。明早有专题研讨课，今晚打算早点睡觉。晚上和朝永老师一起去看了电影，结果特别无聊，让人无语。

2月26日

昨天去纽约参加了在哥伦比亚大学召开的学会。德拉姆最近刚买了车，所以坐他的车从普林斯顿去纽约。同行的还有瑞士的年轻数学家、中国数学家陈省身的夫人及孩子。德拉姆开车很稳，车速一般保持在50千米每小时左右，我们都很放心。到达纽约后，我们先一起去拜访了德拉姆的朋友，然后再去哥伦比亚大学，到的时候已经上午12点半了。我们在教工餐厅吃了午饭，德拉姆一直说："这确实是个好地方，就是气氛有些严肃，不能大声讲话，我感到有点难受。"

下午2点到3点听了西格尔的课。我忽略了之后的所有小型演讲，跑去大陆商事预订寄往日本的食材，然后在附近的日式餐馆"横滨亭"吃了晚饭(味噌汤、生鱼片、凉拌豆腐)，总共花了1美元。饭后去拜访了白户，因为我说接下来想去看电影，于是白户和他夫人陪我一起去市区看了一部意大利电影《偷自行车的人》，这部影片鲜明地反映出了意大利悲惨的一面。喝完茶回到宾馆时刚好晚上12点。

今天角谷会来，我正在等他。因为听说汤川秀树老师住院了，所以我们约好一起去医院探望他。

2月27日

昨天(26日)角谷到中午才出现，我们一起在"横滨亭"吃了鳗鱼饭，接着去了汤川老师家。(这边的鳗鱼肥大却不入味，乏味！)汤川夫人和其中一个孩子因为感冒刚好躺着休息，只有老大醒着。于是我们去了医院，看到汤川老师精神十足，我们都松了一口气。这是一家大医院，老师的病房在10层的1066室。出了医院，我们又一起去白户家吃了晚饭。角谷不管跟谁都能聊得火热，实在佩服。

卡耐基音乐厅从8点半开始有音乐会，我去听了莫伊塞维奇（Moiseiwitch）的钢琴演奏。曲目分别是贝多芬的《热情奏鸣曲》、舒曼的《克莱斯勒偶记幻想曲》、肖邦的《幻想即兴曲》《音画练习曲6》《谐谑曲》、穆索尔斯基的《图画展览会》，极富表现力。演奏穆索尔斯基时弹出了管弦乐队般的音色，出色地表现了“小鸡在蛋壳跳芭蕾”的情形，让人忍俊不禁。所有观众鼓掌喝彩，因此莫伊塞维奇返场又演奏了5首曲子，旋律听起来相互叠加又各自独立，特别不可思议。

莫伊塞维奇很早以前就特别有名，我初中时在日本曾经听过他的作品，所以他应该快60岁了，看起来有不少白头发。话说看电影时不会打出日语字幕，有时候看得一头雾水。英语基本没有进步，最近经常和德拉姆讨论数学，不过德拉姆的英语带有浓重的法语口音，所以也听不太明白，特别滑稽。

今天回到了普林斯顿。

3月7日

我收到了22日和27日的来信。

最近有点忙，就暂时不写日记了。

首先关于韦伊提出的难题，我给他写了一封信，结果他回信告诉我，经过仔细研究，他觉得我使用的韦伊定理（在上次的信中提过）稍微有点问题，真伤脑筋。

其次是这次论文的输入已经完成，目前正在补充公式，这也是个大工程。

我需要开始着手准备今夏国际数学家大会的与会报告，这个月的 21 日到 25 日还得跑一趟纽约，跟大家商量准备的计划。

昨天收到了麻省理工学院莫特纳（Mautner）的信件，他邀请我去麻省理工学院连续做 3 天演讲，每天 1 小时，并承诺给我 100 美元的报酬。3 小时 100 美元，那么 1 小时差不多是 33 美元。

以上解释了为什么我如此忙碌。

此外，我还得找德拉姆商量如何上普林斯顿的专题研讨课，这也需要花费很长时间。

最近我突然发现，这边咖啡不好喝的原因竟然是泡咖啡的手艺比较糟糕。餐馆都摆着圆形的大玻璃瓶，瓶中装着咖啡，瓶子放在电热器上加热。客人点咖啡时，将瓶中的咖啡倒入杯中即可。瓶中的咖啡刚泡好时应该味道还不错，只不过时间一长，香气也慢慢随之消失，最后只剩下苦涩的咖啡。然而只有运气好的时候才能喝到刚泡好的咖啡，绝大多数时候只能喝到苦涩的咖啡。

3 月 21 日

昨天收到了 15 日的来信。

随信给你寄去一张正月时在纽约拍的照片，因为天气不太好，所以成色有些奇怪，请忽略这点，照片还算拍得不错。这张照片的作者是岛本（生于夏威夷的第二代日裔），拍摄地在纽约中央公园的喷水池边。这个公园相当大，晚上很容易迷路。你看我是不是变苗条了，而且帽子也没有破洞！朝永老师戴上250美元的假牙后整个人年轻多了。照片中的朝永老师抽着雪茄，他这段时间因为雪茄抽得太凶，身体感到不太舒服，后来就再也不碰了。

我决定5月初去一趟麻省理工学院（这是一所工业大学，位于剑桥市）。

3月28日

昨天从纽约回到普林斯顿。周末两天在纽约召开了今夏国际数学家大会的准备会议，一共有五个人参加。这边人商量时各抒己见，其他四个人同时大声表达自己的意见，害我都插不了嘴。

这边的人感冒也是家常便饭，这跟日本一样。即便房间内很暖和，竟然也会感冒。在纽约时顺便去拜访了白户，结果他的孩子也感冒了。

我思考了韦伊提出的难题，不过没有什么进展。既然韦伊老师也无法解决，看来我也没有办法。既然如此，我打算在写论文时省去这个部分。

4月11日

我终究也感冒了，身体变得很虚弱。从上上星期的星期五开始有点发烧，差不多在宿舍躺了一周，这两天虽然能自己出门吃饭了，不过还没有好起来的迹象。今天去了趟研究院，收到了你5日寄出的信件。这边的感冒让人身体乏力，头昏难受，打不起精神。再过一星期应该差不多能痊愈了，你也不用担心。

在此期间收到了《细雪》等书。只要看一眼晦涩的读物就犯困，不管是日语小说还是英语小说，只能看看儿童漫画。我打算给你寄几本儿童漫画。最近每天睡12个小时，因为今天脑袋昏昏沉沉，写不出东西，就先到此为止。文章如此凌乱，都是感冒的错。

4月17日

三周后，研究院要迎来暑假，到时候我得先去一趟剑桥市。前些日子看到了角谷，我们约好暑假的时候一起去剑桥市。角谷依然到处奔波。

前两天朝永老师从汤川老师那里分了点腌萝卜，然后又去后藤家吃了米饭，结果这两天胃不太舒服，今天一直躺着没下床。我从那天起突然感冒痊愈。感冒期间一直看《细雪》度日，从头到尾共看了三遍。

期间上了两次专题研讨课（其中一次在感冒还很严重的时候，我强忍病痛去上课，结果表现不佳），不过外尔夸我“非常棒”。大家都听得很认真，稍微出错就立即提醒我改正。

今天的纽约时报刊登了热海火灾的照片，我在担心弥永那间尚未售出的别墅有没有被火势殃及。纽约时报的内容多达几十页，竟然会刊登热海火灾的照片，这倒是令我感到震惊。

4 月 24 日

昨天是星期天，我和德拉姆教授以及一位年轻的物理学家三个人自驾去纽约游玩。当然是德拉姆担任司机。德拉姆不愧是一位著名的登山家，他开车很稳，绝对不会飙车，让人放心。我们去参观了大都会艺术博物馆，接着看了电影，吃了法国菜，差不多在晚上 11 点左右回到宿舍。我在大都会艺术博物馆（斥巨资，5 美元）买了一本梵・高的画册（以前谁借我看过），这两天给你寄回去。电影名叫《卓别林进城》（*Chaplin in the City*），因为是一部默片，所以演员的表演特别传神，卓别林跟以前一样握着拐杖出现在大屏幕上。我们在一家名为 Midi Restaurant 的小餐馆吃了法国菜。德拉姆说，这家餐馆的法国菜非常地道，是他来美国以后吃到的第一顿大餐。十道前菜特别惊艳，红酒口感细腻，最后还喝到了美味的咖啡（来这边后第一次喝到像样的咖啡）。

虽然与德拉姆成了好朋友，不过我们俩语言不通，实属遗憾。

4 月 29 日

今天上午从普林斯顿出发，12 点半左右到了纽黑文，在那里与角谷碰头，然后让年轻学生一起开车去剑桥市，到达时差不多下午 5 点。我跟角谷一起吃了晚饭，现在躺在酒店休息（角谷出门参加聚会了，因为我很疲惫，所以就不去了）。莫特纳给我们安排的酒店虽然高级，不过房价也不便宜(每晚 6 美元)。角谷说，莫特纳在招待客人时不会安排廉价的酒店。

研究院本年度的专题研讨课在前天落下帷幕，现在已经开始放暑假了，所以外尔和西格尔下个星期出发去欧洲。这边的人去欧洲感觉像是我们从东京去诹访似的，我好生羡慕。最后一节专题研讨课由德拉姆讲授一小时，再由我来讲授一个半小时。课后我们几个一起去市内参观并吃了午饭，当时在场的有外尔、西格尔、德拉姆、亚历山大、陈省身和我。西格尔举起了外尔的酒杯，大声说道："为我们的研讨课干杯。"

明天打算先去莫纳特家吃午饭，接着去听波士顿交响乐团的演奏，曲目是贝多芬的《庄严弥撒曲》。角谷神出鬼没地帮我弄到了演奏会的门票。

近来越来越明白德拉姆这样的伟大数学家与"菜鸟"数学家之间存在的差距。

一碰到角谷，他就会告诉我各种事情，比如莫纳特不能不辞去麻省理工学院的教职，重新找一份工作，看来美国的数学家们生活不易。

5 月 3 日

前天和昨天在麻省理工学院发表演讲(？)，今天是第三天，也是最后一场。

今天演讲结束后又去了莫纳特家吃晚饭，听唱片。最近这边的唱片都升级成时长超长的唱片，一张能装下贝多芬的小提琴协奏曲。我原以为莫纳特已被聘为教授，结果他仍然还是讲师，住着一间不太宽敞的房子，不过位置很优越。

今天还收到了贝格曼的邀请。贝格曼是一位大数学家，最近他刚娶了太太，所以贝格曼的夫人也出现了。他们说日本人喜欢吃鱼和米饭，所以就准备了带有鱼和米饭的菜肴。

在我演讲（？）时，扎里斯基（O. Zariski）和霍奇（Hodge）两大老师全程坐在最前排，而且听得特别认真，这让我十分为难。

我觉得酒店价格太高，因此拜托贝格曼帮我安排一间上次住过的出租屋。

跟上次来这里时相比，我的英语好像进步了不少，实在神奇。

我去听了波士顿交响乐团的《庄严弥撒曲》，虽然位置太靠前，演奏的声音过大，不过听得非常感动。刚开始我还觉得奇怪演奏结束时怎么没有一个人鼓掌，原来因为这是一首神圣的曲子，所以一般不鼓掌。

5月9日

今天打算离开剑桥市，去纽黑文。

贝格曼每天请我吃午饭，星期天（前天）去贝格曼家吃饭，晚上跟他们两夫妇一起看了电影，贝格曼夫人全程解释给我听，所以大致看懂了剧情。

星期六，岛本请我吃了中餐，虽然比不上夏威夷的中餐地道，不过跟普林斯顿的中餐比绰绰有余。

贝格曼夫妇都是波兰人，不过他们都精通多国语言，令人佩服。

星期六那天很热，不过星期天却刮起了大风，冷得离谱。星期六气温高达 21 摄氏度星期天却骤降至 4 摄氏度左右。昨天碰见了来自芬兰的阿尔福斯，他开心地说天气终于变冷了（阿尔福斯长得有点像海熊）。

昨天上午去哈佛见了贝格曼，下午去麻省理工学院见了曼特纳，被他问了一堆问题。曼特纳好像对我的论文颇感兴趣，所以问了我很多问题。

接下来先去哈佛找贝格曼一起吃完午饭，然后乘坐两点的火车去纽黑文。虽然天气还不暖和，不过已经换成夏令时间了。

5 月 17 日（？）

昨晚回到了普林斯顿，这段时间的旅行让我感到疲惫不堪。

星期二下午到达纽黑文，角谷来车站接我，然后一个美国人（不记得他的名字）带我们去海边兜风。纽黑文也是一座小城市（虽然面积比普林斯顿大 10 倍），没什么景点。晚上去了这个美国人家里，他给我们播了从日本拷贝的电影。

星期三，德拉姆来做演讲。听完演讲后，我和德拉姆、海德伦德（Hedlund）、雅各布森（Jacobson）他们一起吃了晚饭。

星期四的德拉姆和惠特尼（Whitney）在附近的山上攀岩，我约了角谷和一个名叫杜布（Dube）的学生去围观。可惜的是，我们爬到山上时，德拉姆和惠特尼已经爬到顶部，于是杜布和惠特尼重新下来，让我们观看攀爬的过程。惠特尼劝说角谷和我尝试攀岩，结果被我们拒绝了。

星期五，道克夫人（Dauker，数学家）和考夫曼夫人（Kaufman，物理学家）来研究院，我们坐在一起喝茶聊天。虽然考夫曼夫人也在研究院从事研究工作，不过我从来没跟她讲过话，她是一个特别聪明的人。

星期六，道克邀请角谷同游剑桥市。平时精力充沛的角谷竟然看起来一脸疲倦，没有答应跟他一同前去。

星期六晚上和星期天一直跟角谷聊天，我们聊了很多。

5 月 14 日

貌似日本人很罕见，因此大家很快能记住我的名字。不过我总是记不清楚美国人的名字，还有一点就是，在这边默默无闻的人反而在日本却特别出名。

最近的研究院少了许多人，显得有点冷清。大数学家们基本都不怎么出现，不过倒是能偶尔碰见奥本海默。

研究院的考夫曼夫人给我出了一个难题，具体是对她最近正在思考的物理研究中有用的数学问题，让我头疼不已。也许是因为这位夫人的丈夫是一位语言学家，所以她会说一口标准的希伯来语，我非常欣赏她的聪明。

6月2日

昨天我和德拉姆去研究院后面的森林里散步，我问他有没有去过托马斯·曼《魔山》中提到的达沃斯，他答曰因为滑雪去过那里两次。于是我说在看《魔山》时感觉达沃斯是一个很不错的地方，结果他告诉我那里遍地都是结核病医院和宾馆，谈不上是好地方。

6月16日

最近来了一个名叫麦基（Mackey）的年轻数学家，我跟他走得很近，所以变得越来越忙。今天傍晚6点左右，他来问我德拉姆是不是快回来了。等德拉姆回来，麦基和我坐德拉姆的车出门吃了晚饭。

前天，麻省理工学院的莫纳特来研究院，我跟麦基和莫纳特聊天时提到了以前为纸上谈话会写的论文，他们告诉我这个结论尚未被人发现，我感到非常惊讶。既然如此，于是我打算将这篇论文译成英文后找本期刊发表，看来工作量将不断增加。

等到了夏天，嵯峨根老师计划开车去旧金山，于是我打算跟他的车去旧金山拜访岩泽，再和岩泽一起去芝加哥，然后在芝加哥度过这个夏天，最后等8月底去一趟剑桥市。我们定在6月25日从普林斯顿出发。

这边的天气阴晴不定，昨天还热得离谱，今天就冷得需要开暖气，听说夏天还非常闷热。

6月28日

25日晚上离开纽约，26日到达了芝加哥。26日晚上去了一个叫作埃姆斯（Ames）的小城市，嵯峨根老师就在当地的大学任教。明天一大早就要离开这里，开车去旧金山了。

话说我在芝加哥时看到报纸上朝鲜爆发了战争，虽然感觉不会演变成世界大战，但是我还是非常担心，东京有没有什么动静？

这座城市很小（跟普林斯顿差不多），当地的大学主要以农业专业为主，校园特别宽敞，比普林斯顿漂亮多了。此外，食物也特别美味。

从纽约到芝加哥的火车开了冷气，变得比以前高级，不过冷气太足，晚上害我冷得睡不着。就像乘坐中央线的夜行列车一样，从足底开始发冷，一晚上都没睡着。

我在这里参观了实验室，还被邀请参加了聚会。来参加聚会的老师们专业五花八门，竟然还有人没听说过朝永老师的大名。

6月29日

从今天上午开始，我们的汽车旅行正式拉开帷幕。从衣阿华州的埃姆斯出发行驶600千米后，到了一个叫作奥加拉拉（Ogallala）的小城市，现在住在当地的汽车旅馆（供汽车旅行者住宿的小旅馆）。今天一天都穿梭在广袤的农田之间，农田间几间农房若隐若现，却没有看到一个干农活的人。飞机场随处可见，到处停着农民使用的小型飞机。我特别担心朝鲜战争的事情，所以一到这里就马上打开收音机，结果刚好在播放艾奇逊的演说。一是我听不太懂，二是内容没什么特别，听得我好着急。

6 月 30 日

早上 6 点半出发，开始爬落基山。机动车道修到了 3 千米左右的高山上，实在令人佩服。在沙漠中行驶了几百千米，晚上住在一个小城市。因为到达这里时已经是晚上 9 点左右，连小旅店都全部客满，只能在一个貌似库房的地方将就一晚。我看到了好像电影中经常出现的牛仔，甚是新奇。

7 月 1 日

早上 6 点出发，继续在几百千米的在沙漠中行驶，顺路去一个叫作 Jensen 的小镇附近参观了恐龙化石遗迹。沙漠一望无际——方圆几百千米看不到任何东西。我们在 Vernel 吃了午饭，这里的食物很便宜，不到普林斯顿的三分之一。之后又在沙漠中行驶了几百千米，在普洛佛（Provo）吃了晚饭，然后再往前开了一程，住进了西班牙福克的汽车旅馆，现在正给你写这封信。西班牙福克是一座中型城市，街上有电影院，而且有时能看到印第安族，从外表看和日本人没什么两样。汽车行驶在沙漠中，我全程在思考，所以现在脑袋有点晕，好像患上了神经衰弱似的。

7月2日

早上6点从西班牙福克出发，开往布赖斯峡谷国家公园，在公园入口处吃了午饭，正好中午12点整。下午4点参观结束，去奥德维尔（Orderville）入住汽车旅馆。布赖斯峡谷有点像妙义山的放大版，因为峡谷的岩石呈红色，所以相当漂亮。我给你寄了明信片（普通邮件）。不过由于公园面积太大，不开车的话不方便游玩。光长度就达到几十千米。

7月3日

早上6点从奥德维尔出发，参观了宰恩国家公园。公园坐落于两座大岩石山的山谷，特别壮观。从这里出发驶过60千米的草原，中午达到了雅各布湖。车的状态不佳，所以停在这里稍加修理，顺便吃个午饭。这是森林中唯一的房子。从这里行驶40千米就到了大名鼎鼎的大峡谷北侧，山谷深约1千米，宽约几千米，看得我目瞪口呆。我们又重新折回雅各布莱克，继续向前行驶40千米，到了马布尔峡谷，今晚就住在这里的汽车旅馆。这里位于亚利桑那州的沙漠中，是一个小村庄，村里只有一家汽车旅馆、一家餐馆、一个加油站和一间印第安族的房屋。周围是一望无际的红色沙漠（生长着一些小仙人掌），另一头是一座红色的岩石山，除此之外，周边几十千米毫无一物。即便如此，村里靠自己发电点亮了照明，随时都有热水，参观还有供应冷气。晚饭后出去散步，捡了一些树木的化石，化石遍地可见。我们打算明天早上4点起床去参观大峡谷的南侧，从北侧绕到南侧大概需要继续行驶 100 千米。

7 月 9 日

我们终于到达旧金山，汽车旅行宣告结束。这趟旅行没怎么花钱，我感到非常开心。

到了旧金山，我打开报纸一看，发现朝鲜战争越演越烈。我担心极了，整天吃不好睡不安，感觉自己快要疯了。

7 月 21 日

17 日到了芝加哥，立马去拜访了韦伊。从那天起，我每天跟韦伊一起吃午饭、聊天，他真的很厉害，对于数学无所不知。我在大学借用了一间办公室（房间），每天在那里学习。跟韦伊一起能学到很多东西，不过也因此觉得非常疲惫。

8 月 2 日

收到你寄来的两封信。看到大家在东京都很平安，我也放心了。

我来这边以后始终不离韦伊老师左右，从早到晚研究数学。韦伊简直是一个超人，脑袋特别灵光，而且知识渊博。我思考的问题大部分他在以前都思考过，弄得我一筹莫展。韦伊的家人都回法国了，只有他一个人待在这里，也住在国际宿舍（我也住在这里），所以我们每天能碰见好几次。我们经常一起吃午饭，吃饭时他总会给我出题。昨天我也给他出了一道题（特别难），结果今天就解决了，我越来越崇拜他了。我打算从这个问题出发构思一篇论文。我在这里特别用功，比在普林斯顿时的多三倍。岩泽也遭到了问题攻击，他说如此用功学习还是出生以来头一回。

上个星期二，我在下午茶结束后发表了演讲（?）。这里有一位来自巴西的数学家，名叫 Nachbin，他跟我们说韦伊刚去巴西时完全不会葡萄牙语，结果过了两个月他竟然能用葡萄牙语授课了。

朝鲜情况不妙，我还是很担心。我天天盼着弥永老师来，这样就能了解一些东京的情况。这两个星期一直在学习数学，脑袋都要爆炸了。如果一直在思考同一个问题，脑子就会变得死板。

韦伊喜欢散步，有时我也会跟他一起。不过他散步时走得特别快，可谓一步几千米，所以难得的散步因此失去了它本身的乐趣。而且他还喜欢在散步时讨论数学，太不容易了。因为最近学习数学太拼命，晚上睡觉时脑子还在思考，根本睡不好。再加上我住在国际宿舍，这是一个学生宿舍，所以一大早就声音嘈杂，害我睡不了懒觉。

8 月 28 日

在芝加哥的最后一个星期，谢瓦莱、角谷、吉田、中山也来了。大家聚在一起，每天很热闹，也特别累。弥永老师本来说 24 日来，我就在芝加哥等他，结果他飞机晚点，我只好 25 日匆忙赶回普林斯顿。周炜良也在普林斯顿等我，他邀请我从这个秋天起去约翰斯·霍普金斯大学担任半年客座教授，我还在考虑（这件事得保密）。

这事要是放在明年倒是一个好机会，放在今年的话跟研究院重叠，税后到手的工资和研究院付给我的相差不多，我打算问问弥永老师的意见。明天去剑桥市，应该能见到弥永老师。

在韦伊的指导下，我又有了一个大发现（？）。

9 月 18 日

国际大会召开以来每天都很忙碌，没有空给你写信，又很担心你在惦记我。总之这次大会聚集了两千名数学家，我感到很混乱，一直和弥永老师待一块儿。现在跟着老师去了纽约。

与约翰斯·霍普金斯大学协商决定，我去他们学校担任一年客座教授，报酬是 6000 美元。不过，签证和护照的问题还有待解决。顺利的话，可以邀请你们过来一起生活。

我在国际大会后的 7 日和 8 日发表了讲话。原本打算在 7 日的多变量函数论会议上谈谈自己的见解，结果扎里斯基希望我能在 8 日的代数几何会议上讲相同的内容，所以在 7 日和 8 日两天都发表了讲话。代数几何会议上意大利人居多，大家在谈论的过程中自动转换成法语或意大利语，完全听不懂。扎里斯基、韦伊精通英语、德语和法语，我好羡慕他们。

我这次的结论引起了韦伊、扎里斯基、谢瓦莱以及塞维尔（Severi）、塞格雷（Segre）等意大利学派的关注。

9 月 27 日

17 日的来信已收悉。弥永老师大概在 21 日晚上从纽约出发，我的心情也终于回归平静。

研究院差不多换了一批成员，我认识的人所剩无几。伊格尔哈特辞去了研究院的工作，在纽约的学校寻得一份教职。德拉姆回瑞士了，外尔也还没回来，我感到有些无聊。岩泽的英语含糊不清，没什么进步。即便如此，蒙哥马利说比起去年的我，倒是有过之而无不及。如果我去了约翰斯·霍普金斯大学教书，英语也许会更流利（？）。

今天收到周炜良来信，他说约翰斯·霍普金斯大学那边基本没问题了。我打算后天去约翰斯·霍普金斯大学具体了解一下情况。

写给 21 世纪的主人

常言道，突飞猛进的科学技术与原地踏步的世界政治格局之间存在的不平衡将人类逼入了怪异、恐怖的窘境，其最大的表现当属核武器。

目前世界大国所拥有的核武器总破坏力达到了宇宙规模，一旦爆发核战争，本来延续至 21 世纪的世界将走向消亡。如果敌国主动出击，率先使用核武器，为了保证本国的一部分居民能存活，并且使用剩余的核武器攻击敌国，因此需要拥有充足的核武装，即核威慑力。虽然听起来不太正义凛然，不过当今世界的确是靠核威慑力勉强维持着和平。人类引以为豪的理性哪儿去了呢？如果人类还留有理性的话，世界上的大国不是应该开展首脑会谈彻底废除核武器吗？然而按照现状，这既不现实也不可能。而且不现实以及不可能之处才让人感到怪异和恐怖。

我们这些现代的大人们创造了这个怪异、恐怖的世界，本来没有资格向肩负 21 世纪重任的孩子们提出建议，不过非要提出建议的话，那么我期望现在的孩子们在长大以后能够努力改变 21 世纪的世界政治格局，至少让它变得更具理性。

（国际儿童纪念《写给 21 世纪的主人，来自世界一百人的建议》1980 年 1 月）

版 权 声 明